"特色经济林丰产栽培技术"丛书

山 楂

杨明霞 ◎ 主编

中国林业出版社

内容提要

　　本书由山西农业大学(山西省农业科学院)果树研究所山楂科研团队编著。全书较详细地介绍了山楂种类和优良栽培品种，山楂的生物学特性，山楂育苗技术，山楂优质栽培修剪技术，山楂病虫害防治，山楂采收、贮藏保鲜、加工及山楂的药用价值等技术。全书内容详实，技术操作性强，希望能为广大山楂种植者、基层农业技术人员及其他山楂产业从业人员提供一定帮助和启示。

图书在版编目(CIP)数据

山楂／杨明霞主编. —北京：中国林业出版社，2020.6
(特色经济林丰产栽培技术)

ISBN 978-7-5219-0581-6

Ⅰ.①山…　Ⅱ.①杨…　Ⅲ.①山楂－果树园艺　Ⅳ.①S661.5

中国版本图书馆 CIP 数据核字(2020)第 085017 号

责任编辑：李敏　　王越

出版发行	中国林业出版社(100009　北京市西城区德胜门内大街刘海胡同 7 号)	
	电话：(010)83143575　http://www.forestry.gov.cn/lycb.html	
印　　刷	河北京平诚乾印刷有限公司	
版　　次	2020 年 10 月第 1 版	
印　　次	2020 年 10 月第 1 次	
开　　本	880mm×1230mm　1/32	
印　　张	4.5	
字　　数	134 千字	
定　　价	35.00 元	

《特色经济林丰产栽培技术——山楂》
编委会

主　编：杨明霞

编写人员（按姓氏笔画排序）：

任　瑞　安文燕　杨明霞　杨　萍

赵士粤　崔克强　温映红

序

　　党的十八大以来，习近平总书记围绕生态文明建设提出了一系列新理念、新思想、新战略，突出强调绿水青山既是自然财富、生态财富，又是社会财富、经济财富。当前，良好生态环境已成为人民群众最强烈的需求，绿色林产品已成为消费市场最青睐的产品。在保护修复好绿水青山的同时，大力发展绿色富民产业，创造更多的生态资本和绿色财富，生产更多的生态产品和优质林产品，已经成为新时代推进林草工作重要使命和艰巨任务，必须全面保护绿水青山，积极培育绿水青山，科学利用绿水青山，更多打造金山银山，更好实现生态美百姓富的有机统一。

　　经过70年的发展，山西林草经济在山西省委省政府的高度重视和大力推动下，层次不断升级、机构持续优化、规模节节攀升，逐步形成了以经济林为支柱、种苗花卉为主导、森林旅游康养为突破、林下经济为补充的绿色产业体系，为促进经济转型发展、助力脱贫攻坚、服务全面建成小康社会培育了新业态，提供了新引擎。特别是在经济林产业发展上，充分发挥山西省经济林树种区域特色鲜明、种质资源丰富、产品种类多的独特优势，深入挖掘产业链条长、应用范围广、市场前景好的行业优势，大力发展红枣、核桃、仁用杏、花椒、柿子"五大传统"经济林，积极培育推广双季槐、皂荚、连翘、沙棘等新型特色经济林。山西省现有经济林面积1900多万亩，组建8816个林业新型经营主体，走过了20世纪六七十年代房前屋后零星种植、八九十年代成片成带栽培、21 世纪基地化产业化专业化的跨越发展历程，林草生态优势正在转变为发展优势、产业优势、经济优势、扶贫优势，成为推进林草事业实现高质量发展不可或缺的力量，承载着贫困地区、边远山区、广大林区群众增收致富的梦想，让群众得到了看得见、摸得着的获得感。

随着党和国家机构改革的全面推进，山西林草事业步入了承前启后、继往开来、守正创新、勇于开拓的新时代，赋予经济林发展更加艰巨的使命担当。山西省委省政府立足践行"绿水青山就是金山银山"的理念，要求全省林草系统坚持"绿化彩化财化"同步推进，增绿增收增效协调联动，充分挖掘林业富民潜力，立足构建全产业链推进林业强链补环，培育壮大新兴业态，精准实施生态扶贫项目，构建有利于农民群众全过程全链条参与生态建设和林业发展的体制机制，在让三晋大地美起来的同时，让绿色产业火起来、农民群众富起来，这为山西省特色经济林产业发展指明了方向。聚焦新时代，展现新作为。当前和今后经济林产业发展要走集约式、内涵式的发展路子，靠优良种源提升品质、靠管理提升效益、靠科技实现崛起、靠文化塑造品牌、靠市场打出一片新天地，重点要按照全产业链开发、全价值链提升、全政策链扶持的思路，以拳头产品为内核，以骨干企业为龙头，以园区建设为载体，以标准和品牌为引领，变一家一户的小农家庭单一经营为面向大市场发展的规模经营，实现由"挎篮叫买"向"产业集群"转变，推动林草产品加工往深里去、往精里做、往细里走，以优品质、大品牌、高品位发挥林草资源的经济优势。

正值全省上下深入贯彻落实党的十九届四中全会精神，全面提升林草系统治理体系和治理能力现代化水平的关键时期，山西省林业科技发展中心组织经济林技术团队编写了"特色经济林丰产栽培技术"丛书。文山同志将文稿送到我手中，我看了之后，感到沉甸甸的，既倾注了心血，也凝聚了感情。红枣、核桃、杜仲、扁桃、连翘、山楂、米槐、皂荚、花椒、杏 10 个树种，以实现经济林达产达效为主线，围绕树种属性、育苗管理、经营培育、病虫害防治、圃园建设，聚焦管理技术难点重点，集成组装了各类丰产增收实用方法，分树种、分层级、分类型依次展开，既有引导大力发展的方向性，也有杜绝随意栽植的限制性，既擘画出全省经济林发展的规划布局，也为群众日常管理编制了一张科学适用的生产图谱。文山同志告诉我，这套丛书是在把生产实际中的问题搞清楚、把群众的期望需求弄明白之后，经过反复研究修改，数次整体重构，经过去粗取精、由表及里的深入思考和分析，历经两年才最终成稿。我们开展任何工作必须牢固树立以人民为中心的思想，多做一些打基础、利长远的好事情，真正把群众期盼的事情办好，这也是我感到文稿沉甸甸的根本原因。

科技工作改善的是生态、服务的是民生、赋予的是理念、破解的是难题、提升的是水平。文稿付印之际，衷心期待山西省林草系统有更多这样接地气、有分量的研究成果不断问世，把经济林产业这一关系到全省经济转型的社会工程，关系到林草事业又好又快发展的基础工程，关系到广大林农切身利益的惠民工程，切实抓紧抓好抓出成效，用科技支撑一方生态、繁荣一方经济、推进一方发展。

山西省林业和草原局局长

2019 年 12 月

 前 言

　　山楂属于蔷薇科山楂属植物，大部分为落叶乔木，广泛分布在北半球温带亚洲、欧洲及美洲。山楂是我国重要的果树种类，栽培历史悠久，果实及产品用途广泛。山楂果实营养丰富，富含蛋白质、脂肪、膳食纤维、多种维生素及多种矿物质元素等。山楂果实加工产品类型多样，包括山楂果酒、山楂果汁、山楂醋、山楂糕、山楂条、糖葫芦、山楂罐头、山楂片、山楂粉等。山楂制药产品有大山楂丸、益心酮等。另外，山楂树是良好的生态树种，广泛应用于我国园林绿化建设工程。在国外，山楂树也是园林观赏和绿篱的重要树种之一。因此，山楂综合利用价值高，兼具经济效益和生态效益，在发展现代化特色农业、乡村振兴和生态重建中可以发挥重要作用。

　　本书按照"特色经济林丰产栽培技术"的总体要求，针对我国山楂产业发展中的主要技术问题，进行归纳和总结，提出未来发展方向，为从事山楂产业的从业人员及相关技术人员提供借鉴。

　　参编人员主要为山西农业大学(山西省农业科学院)果树研究所山楂团队科研人员。多年来，团队在做好科研工作的同时，常年服务于山西绛县、稷山、泽州、闻喜等山楂主产区，熟悉和了解山楂产业发展状况和存在问题，及时解决了当地生产中存在的问题，促进了山楂产业发展。在此基础上，该团队收集资料，结合实践，完成了编写任务。

在此感谢编委会及山西省林业和草原局相关工作人员的大力支持和帮助，感谢所有为本书的完成和出版提供照片及帮助和支持的人们。

虽然编者尽力按要求完成书稿，但因水平有限和收集资料内容和时间有限，难免有不妥之处，敬请读者批评指正。

杨明霞

2019 年 12 月

目 录

第一章

山楂概述

一、山楂属种数及分布

山楂（*Crataegus pinnatifida*），又名山里果、山里红，蔷薇科山楂属。山楂属植物大部分为落叶乔木，小部分为灌木。

根据化石考证，山楂属植物起源于第三纪始新世后期，广泛分布于北半球温带亚、欧、美各洲，北美洲种类最多。据世界各地植物学家分类，山楂属植物有 200~1000 多种不等。目前，中国植物分类学者通常认可山楂属植物有 1000 多种的观点，但医药研究学者认为山楂属有 100~200 种。

据方精云编著的《中国木本植物分布图集英文版》，中国山楂属植物有 18 个种，主要分布在除海南、香港、澳门、台湾之外的 31 个省（自治区、直辖市）。据董文轩编著的《中国果树科学与实践 山楂》，中国山楂植物有 20 个种、7 个变种和 1 个变型。中国山楂属植物从自然地理分布的广度可分为广域分布种、中域分布种和狭域分布种 3 个类型。广域分布种有羽裂山楂（*Crataegus pinnatifida*）、野山楂（*Crataegus cuneata*）、湖北山楂（*C. hupehensis*），其中羽裂山楂中又有 3 个变种，分别为大果山楂（*C. pinnatifida* var. *major*）、无毛变种（*C. pinnatifida* var. *psilosa*）、热河山楂（*C. pinnatifida* var. *geholensis*），野山楂中有 2 个变种 1 个变型，分别为匍匐野山楂（*C. cuneata* var. *shangnanensis*）、长梗野山楂（*C. cuneata* var. *longipedicellata*）、重瓣野山楂（*C. cuneata* f. *pleniflora*），湖北山楂中有 1 个变种，黄果湖北山楂（*C. hunpehensis* var. *flavida*）；中域分布种有云南山楂（*C. scbrifo-*

1

lia)、华中山楂(*C. cuneata*)、橘红山楂(*C. aurantia*)、毛山楂(*C. maximowiczii*)、辽宁山楂(*C. sanguinea*)、光叶山楂(*C. dahurica*)、甘肃山楂(*C. kansuensis*)，其中毛山楂中有 1 个变种，宁安山楂(*C. maximowiczii* var. *ninganensis*)；狭域分布种有伏山楂(*C. brettschneideri*)、陕西山楂(*C. shensiensis*)、山东山楂(*C. shandongensis*)、滇西山楂(*C. oresbia*)、中甸山楂(*C. chungtienensis*)、北票山楂(*C. beipiaogensis*)、光萼山楂(*C. laevicalyx*)、阿尔泰山楂(*C. altaica*)、裂叶山楂(*C. remotilobata*)、准噶尔山楂(*C. wongarica*)。

二、山楂的栽培历史和生产现状

山楂是我国主要的经济林特产果树，栽培历史悠久。早在 2500 年前就有利用山楂的记载。最早的相关记载在《本草经集注》中；5 世纪贾思勰撰写的《齐民要术》中将其称为"枕"，如"木易种，多种之为薪，又以肥田"。至明朝万历年间，李时珍撰写的《本草纲目》才正式将其列入果类。目前，山楂在我国山东、陕西、山西、河南、江苏、浙江、辽宁、吉林、黑龙江、内蒙古、河北等地均有分布。

20 世纪 80 年代后期，山楂发展迅速，形成了山东、河南、河北、辽宁、山西等比较集中的山楂栽培产区，其加工利用也初具规模，20 世纪末，全国山楂种植面积盛达 2.3 万公顷，年产量达到 45 万吨，位居当年全国国土面积和产量的第四位。但随后，由于山楂加工产业滞后和销路不畅，导致山楂果价格暴跌，大量山楂树被砍伐，山楂产业受到严重挫伤，山楂产量也退居到水果类第 11 位。

我国地域辽阔，可供山楂栽培的范围很大。北起吉林、南至云南 20 多个省(自治区、直辖市)都有山楂栽培。在年平均气温 2.5 ~ 22.6℃，≥10℃年积温 2200 ~ 5100℃，绝对最低气温 - 41℃ 以上，无霜期 100 天以上，年降水量 450 毫米以上的地区均有适宜的品种。按地理位置、气候特点和栽培利用等情况，大致可分为吉辽、京津冀、鲁苏、中原、云贵高原 5 个山楂产区。其中京津冀和鲁苏两产区为山楂重要生产基地。京津冀产区包括北京、天津及河北省北部，以燕山山区为集中产地，该区气候温暖，适于山楂生长发育；一般年平均气温 5.1～12.3℃，年积温 2800～4250℃，无霜期 130～212天，年降水量 367.4～670.2 毫米，栽培山楂需适度灌溉，寒地要选抗寒砧木及生长期短的品种，幼树需防寒保护。

苏鲁产区包括山东中部、东部和苏北，以泰沂山区为集中产区；该区年平均气温 11.2～14.6℃，年积温 3750～4250℃，无霜期 200天以上，年降水量 478.5～927.2 毫米，山楂生长发育良好，大山楂品种资源丰富，有较多的优良品种并多有高产优质典型，为我国山楂产量最集中产区；该区品种单果重普遍较大，品质优良、产量高并有耐藏品种。

吉辽产区主要包括辽宁以北、吉林省和黑龙江等地。这一栽培区年平均气温 3.6～7.0℃，最低气温为 -38.1℃，极端最低气温 -42℃，高温可达到 38℃，年降水量为 553.5～598.3 毫米，年平均日照时数为 2953 小时以上。该区果实以红色为主，具抗寒和生长发育期短的特点。

中原产区包括河北省中南部和河南、山西全省。本栽培区年平均气温 9.5～14.0℃，最低气温为 -24.5℃，高温可达到 39℃，年降水量为 473.7～849.6 毫米，年平均日照时数为 2350 小时以上，是我国山楂重要产区。该区果实主要有黄色和红色两种，特点是果实大，品质上、中等，产量高，适宜加工，但耐贮性较差，有时病虫害较严重。

云贵高原包括云南、贵州两省的高海拔地区和广西百色地区的山区。本栽培区气候温暖湿润、雨量充沛、无霜期长、土壤微酸性、较肥沃，主栽品种以起源于云南山楂的品种为主。该区栽培的山楂品种类型多，树体高大，寿命长，果大色黄，但质地较松。

三、山楂果实营养成分和营养价值

(一)山楂果实含有较高的营养价值

山楂果实中(鲜果)含有碳水化合物 22.0%、蛋白质 9.7%、脂肪 9.2%、糖 8.8%、酸 4.2%、铁、钙、胡萝卜素、核黄素、苹果酸、枸橼酸等有益成分。其中以维生素 C 含量最为突出，每千克果实可食部分含有维生素 C 达 890.0 毫克，铁、钙、果胶及黄酮类物质含量均居各种鲜果之首。见表 1-1。

表 1-1　山楂与其他水果物质成分比较

成　分	山楂	苹果	葡萄	柑橘
糖（克）	22.0	13.0	18.0	13.0
蛋白质（克）	0.7	0.4	0.4	0.8
钙（毫克）	68.0	11.0	4.0	56.0
磷（毫克）	20.0	9.0	7.0	15.0
铁（毫克）	2.1	0.3	0.1	0.2
维生素 C（毫克）	89.0	5.0	4.0	34.0
尼克酸（毫克）	0.4	0.1	0.3	0.3
核黄素（毫克）	0.5	0.1	0.1	0.4
硫胺素（毫克）	0.3	0.2	0.1	0.4
胡萝卜素（毫克）	0.8	0.1	0.1	0.6

注：摘自《常用食品使用手册》，中国食品出版社，1992 年。

（二）山楂果实具有较高的药用价值

常吃山楂制品能增强食欲，改善睡眠，保持骨骼和血液中钙的恒定，预防动脉粥样硬化，使人延年益寿。中医药中，山楂果实是中成药的重要成分之一，山楂丸、化积散等中成药都是以山楂果实作为主要原料的。近代药物理化研究发现，山楂的药用价值在血液血脂的防治中更为明显，山楂能显著降低血清胆固醇及甘油三酯，有效防止动脉粥样硬化。山楂果实中含多种有机酸，具有较高的消食、化积、健胃等药用价值。

第二章

山楂种类和优良栽培品种

一、山楂种类

我国的 20 个山楂种，可以分为两大类：栽培类型和非栽培类型。栽培类型多属于山楂种中的大山楂亚种，果实品质好，个头大，用以食用或加工。云南山楂中也有少量的栽培品种。非栽培类型中有原生类型和实生类型。原生类型为原生种；实生类型为各种类型的山楂种子实生苗形成的类型。

山楂为落叶乔木，也有少量灌木。小枝一般有刺，冬芽卵形或近圆形。单叶互有锯齿，深裂或浅裂，极少不分裂。有托叶。伞房或伞形花序，极少单生，萼筒钟状，萼片、花瓣各 5 枚，花冠白色，极少有粉红色。雄蕊 5~25 枚，心皮 1~5 个，多与花托合生，子房下位至半下位，每室具胚珠 2 个，其中一个常不发育。果实近圆形，萼片宿存或脱落，心皮随果实成熟骨质化，包在种仁外成为种核，各具种子 1 枚，种子直立，呈三棱形。

20 个山楂种的生物学特性及分布为：

(一) 羽裂山楂

羽裂山楂又名山里红。落叶乔木，树体高大；树皮粗糙，暗灰色或褐灰色；刺长 1.0~2.0 厘米，有的稀少无刺；叶片广卵形或三角状卵形，稀菱状卵形，先端短渐尖，边缘有 3~5 对羽状深裂片；伞房花序，多花；花瓣白色，倒卵形或近圆形，花药粉红色；果实深红色，近球形；成熟期 8~10 月。生于山坡林缘及灌丛中，海拔100 米以下。主要分布在黑龙江、吉林、辽宁、内蒙古、河北、河南、山东、山西、陕西、江苏等地。

本种有 3 个变种：大果山楂、无毛山楂和热河山楂。

(二) 伏山楂

又名布氏山楂。乔木；无刺或者少刺；成熟枝呈棕色或紫红色；叶片宽卵形，先端渐尖或短突尖，基部楔形、近圆形至宽楔形，叶缘常有 3~4 对浅裂片，具有规则粗锐重锯齿；伞房花序，具多花，花瓣白色；果实近球形，深红色具蜡质，稍具棱或不明显，果点小，小核 2~3 个，背面有浅沟，内面两侧平滑；萼宿存；果期 8~9 月。主要分布于东北、内蒙古一带，吉林省最多，是一种半栽培类型的野生果树。吉林省长白山区资源较丰富。品种多抗寒、适应性强。

(三) 湖北山楂

又名猴楂、酸枣、大山枣。小乔木或灌木；针刺较少；小枝细弱，无毛，具疏生浅褐色皮孔；叶片卵形或卵状长圆形，基部楔形至圆形，先端短渐尖，边缘有圆钝锯齿，中部以上有 2~5 对浅裂片，裂片卵形，上面光亮近革质；伞房花序，具多朵花，花瓣白色；果实近球形，红色或土黄色，有斑点，小核 5 个，内面两侧平滑；萼片宿存，反折；果期 8~9 月。主要分布于湖北、河南、江苏、浙江、四川、陕西等省。生长于海拔 500~2600 米山坡、杂木林内、林缘或灌木丛中。主要用来采集种子培育砧木苗和采摘少量果实食用或加工，也可以从中选出少量的栽培品种。

本种有 1 个变种：黄果湖北山楂。

(四) 云南山楂

又名山林果、酸冷果。高大乔木，一般在 10 米以上，高者可达 20 米以上；无刺；枝条较开张，当年生枝紫褐色或紫绿色，2 年生枝暗灰色；叶片卵状披针形、卵状椭圆形，稀菱状卵形，叶端急尖，叶缘有稀疏不整齐圆钝重锯齿，通常不分裂或在营养枝上少数叶片顶端具有不规则 3~5 对浅裂片，叶基部楔形；伞房花序或复伞房花序，花瓣白色；果实扁球形或球形，以黄果居多，也有少量带有红晕，具稀疏褐色斑点；萼宿存；小核 5 个，内侧平滑；果期 8~10

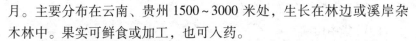

月。主要分布在云南、贵州 1500~3000 米处，生长在林边或溪岸杂木林中。果实可鲜食或加工，也可入药。

（五）陕西山楂

落叶灌木；无刺；小枝幼时无毛，2 年生枝深褐色；叶片着生在小枝下方者多呈倒卵形或近圆形，在小枝上方者多呈宽卵形或长圆卵形，基部楔形，稀近圆形，先端急尖或渐尖，边缘具不整齐锯齿，齿尖近急尖，稍向内弯曲，具 5~7 对浅裂片，裂片宽卵形或长圆形；复伞房花序，具多数花朵，花瓣白色；果实球形，黄绿色，小核 5 个；果期 8~9 月。主要分布在陕西省的蓝田、眉县、太白、户县、洋县、佛坪等地。生长于海拔 1100~1800 米的山坡杂木林中。

（六）楔叶山楂

又名小叶山楂、野山楂。落叶灌木，高达 1.5 米；分枝密，通常具细刺；小枝细弱，圆柱形，有棱，成熟枝紫褐色或灰褐色，散生长圆形皮孔；叶片倒卵形或倒卵状长圆形，先端急尖，基部楔形，下延连于叶柄，边缘具有不规则重锯齿，顶端常为 3 对浅裂片；伞房花序，具花 5~7 朵，花瓣白色；果实球形或扁球形，红色或黄色，常具有宿存反折萼片和苞片，小核 4~5 个，内侧两侧平滑；果期 10 月。生长于海拔 250~2000 米处的向阳山坡灌丛中。主要分布在河南、湖北、江西、安徽、湖南、江苏、浙江、云南、贵州、广东、广西、福建等地。果实可食用、酿酒或制酱，也可入药，有健胃、助消化及强心作用。嫩叶可代茶饮。

本种有 2 个变种，1 个变型：匍匐野山楂、长梗野山楂和重瓣野山楂。

（七）山东山楂

灌木，高 1~2 米，具刺，粗壮，小枝幼时被稀疏柔毛，以后脱落无毛，老枝灰褐色，散生椭圆形皮孔；叶片顶端渐尖，基部楔形，边缘中部以上具不规则重锯齿，顶端通常具 3 对裂片，少数 5 对或不裂；复伞房花序，具有 7~18 朵花，花瓣白色；果实球形，红色，小核 5 个，背面具一浅沟槽，内面两侧平滑。生长于海拔 500~700

米的山坡。主要分布在山东泰山。

（八）华中山楂

落叶灌木或小乔木；刺粗壮平滑；小枝圆柱形，当年生枝深褐色，老枝灰褐色至暗褐色，着生稀疏的长圆形皮孔；叶片卵形或倒卵形、稀三角卵形，顶端急尖或圆钝，基部圆形、楔形或近心形，边缘有尖锐锯齿，通常在中部以上有 3~5 对浅裂片，裂片近圆形或宽卵形，先端急尖或圆钝；伞房花序具多数花朵，花瓣白色；果实椭圆形，红色小核 1~3 个，内面两侧有深凹陷；果期 8~9 月。生长于 800~2500 米的山坡、山谷、林内或灌丛中。主要分布在湖北、河南、陕西、甘肃、浙江、四川、云南等地。

（九）滇西山楂

灌木；刺少；小枝圆柱形，微弯曲，幼时密被白色柔毛，不久脱落，老枝灰褐色，散生长圆形皮孔；叶片宽卵形，顶端圆钝或急尖，基部下延呈楔形至宽楔形，边缘具有稀疏重锯齿，具 3~5 对浅裂片；伞房花序，具多花，花瓣白色；果实近球形，红黄色，外面微被白色柔毛，稀近于无毛；小核 2~3 个，内面两侧有凹痕；果期 8~9 月。生长于 2500~3300 米的山坡或灌丛中。主要分布在云南西北部高山地区。

（十）橘红山楂

小乔木，高 3~5 米；无刺或有刺；1 年生枝深红色，老时灰褐色；叶片宽楔形，先端急尖，基部圆形、平截或宽楔形，边缘有 2~3 对浅裂片，裂片卵圆形，顶端急尖，具有不整齐的锐锯齿；复伞房花序，多花，花瓣白色；果实幼时矩圆形，成熟时近球形，干时橘红色，小核 2~3 个，核背面隆起，内面两侧有凹陷；果期 8~9 月。生长于海拔 1000~1800 米的山坡杂木林内、林缘或灌丛中。主要分布在陕西、甘肃、山西、河北等地。

（十一）毛山楂

灌木或小乔木，高达 7.0 米；无刺或有刺；小枝粗壮，2 年生枝无毛，紫褐色，多年生枝灰褐色，疏长圆形皮孔；叶片卵形或菱状卵形，先端急尖，基部宽楔形，边缘具疏生重锯齿，3~5 对浅裂片；复伞房花序，多花，花瓣白色；果实球形，红色，幼时被柔毛，后无毛；小核 3~5 个，内面两侧有凹痕；果期 8~9 月。生长于海拔 200~1000 米杂木林或林缘、河岸及路旁。主要分布在黑龙江、吉林、内蒙古、山西、陕西、河南、河北等地。果实可食用及药用，有健脾胃、治冻伤及冠心病等功效。

本种有 1 个变种：宁安山楂。

（十二）北票山楂

小乔木，高达 4 米；树干粗壮，小枝黄褐色，圆柱形，枝刺长锥形，托叶镰形，有锯齿，叶柄披毛，叶片宽卵形或三角形卵形，基部楔形或宽楔形，两侧 2~3 羽状深裂，裂片披针形，先端渐尖，边缘具疏而尖锐的不规则重锯齿。伞房花序，多花，总花梗和花梗均有绒毛。萼片膜质，线状披针形，边缘具腺齿。萼筒钟状。花瓣倒卵形或近圆形，白色。果实近球形。生长在海拔 400 米的山坡上。主要分布于辽宁北票。

（十三）辽宁山楂

又名血红山楂、红果山楂。灌木或小乔木，高 2~4 米；刺短粗，锥形，也常无刺；小枝幼时散生柔毛，不久脱落，当年生枝条无毛，紫褐色，多年生枝灰褐色；叶片卵形或菱状卵形，先端急尖，基部楔形，边缘常有 3~5 对浅裂片和重锯齿，裂片宽卵形；伞房花序，多花，花瓣白色；果实近球形，血红色，萼片宿存，反折，小核 3~5 个，内面两侧有凹痕；果期 7~8 月。该品种喜光、耐寒、耐旱，生长于海拔 900~3000 米的山坡或河沟旁杂木林中。主要分布在黑龙江、内蒙古、新疆、河北、山西、河南、吉林、辽宁。果实可药用，具助消化、镇痛、止血的效果；树体可栽培供观赏、做绿篱。

（十四）光叶山楂

灌木或小乔木，高 2~6 米；枝刺细长，有时无刺；小枝细弱，无毛，紫褐色，有光泽，散生长圆形皮孔，多年生枝条暗灰色；叶片菱状卵形，稀椭圆卵形至倒卵形，边缘有细锐重锯齿，基部锯齿少或近全缘，中部以上具 3~5 对浅裂片，裂片卵形，先端短，渐尖或急尖，两面均无毛，上面有光泽；复伞房花序，多花，花瓣白色；果实近球形或长圆形，橘红色或橘黄色，萼片宿存，反折，小核 2~4 个，内面两侧有凹痕；果期 8 月。生长于海拔 200~1800 米的河谷、山麓、山坡、沙丘、针阔混交林、杂木林或灌丛中。主要分布在黑龙江、内蒙古。果实可食用；果、叶可药用，具有健脾、助消化、治冻伤、扩张血管之功效；光叶山楂发叶早，花果美丽，可栽培供观赏。

(十五) 中甸山楂

灌木，高达 6 米；刺粗壮；小枝粗壮，无毛或近无毛，紫褐色，疏生长圆形浅色皮孔；叶片宽卵形，先端圆钝，基部圆形至宽楔形，边缘具有细锐重锯齿，齿尖有腺，常有 3~4 对浅裂片，基部 1 对分裂较深；伞房花序具多花，密集，花瓣白色；果实球形或椭圆形，红色，萼片宿存，反折，小核 1~3 个，内面两侧有凹痕；果期 9 月。生长于海拔 2500~3500 米的山溪边杂木或灌丛中。主要分布在云南西北部高山地区。

(十六) 光萼山楂

灌木或小乔木，高达 3 米。枝无刺或偶有刺，幼枝细，近无毛。叶柄密披柔毛，并杂有腺毛；托叶披针形，几无毛，具腺齿。叶片菱状椭圆形或菱状倒卵形，先端突尖、急尖或圆钝，基部窄楔形渐狭成翼状，边缘通常自中部以上 3~5 浅裂，裂片三角状卵形，密生单锯齿，稀不明显重锯齿，表面疏生短柔毛，背面密被平伏灰白色柔毛；复伞房花序，多花，总花梗和花梗均无毛；苞片线状披针形，膜质，无毛，边缘具腺齿；花瓣倒卵形。果实近球形，血红色，萼片反折；小核两侧微凹。生长在海拔 1500 米左右的山脚、沙坡及灌丛中。主要分布在河北围场塞罕坝。

(十七) 甘肃山楂

又名面旦子，小面豆。灌木或小乔木，高 2.5~5.0 米；有刺，锥形；小枝圆柱形，无毛，绿带红色，2 年生枝亮紫褐色，多年生枝灰褐色；叶片宽卵形，先端急尖，基部楔形至宽楔形或截形，少数近圆形，边缘有尖锐重锯齿和 5～7 对不规则的羽状浅裂片，裂片三角卵形，先端急尖或短渐尖；伞房花序，花瓣白色；果实近球形，橘红色或橘黄色，萼片宿存，小核 2～3 个，内面两侧有凹痕；果期7～9 月。生长于海拔 1000～3000 米的山坡、沟边、杂木林内。主要分布在甘肃、陕西、山西、河北、河南、贵州、四川、新疆等地。果实酸甜可食，可制果酱、果汁、果丹皮、山楂糕等。

(十八) 阿尔泰山楂

小乔木，高达 3～6 米；通常无刺，少数长有少量粗刺；小枝粗壮，无毛，紫褐色或红褐色，老时灰褐色，散生长圆形皮孔，有光泽；叶片宽卵形或三角卵形，先端急尖，稀圆钝，基部圆形或宽楔形，稀近心形，常有 2～4 对裂片，基部 1 对分裂较深，裂片卵形或宽楔形；复伞房花序，多花密集，花瓣白色；果实球形，金黄色，小核 4～5 个，里面两侧凹痕；果期 8～9 月。生长于海拔 450～900米的山坡、河谷、林下、林缘或灌丛中。主要分布在新疆的阿尔泰、天山西部等地。阿尔泰山楂较喜光，耐寒；喜温润肥沃土壤。当年种子越冬后第二年就可以萌发，可以用种子繁殖。

(十九) 裂叶山楂

小乔木，高达 5～6 米。枝刺细，小枝粗壮，圆柱形，无毛或在幼时微披白粉。冬芽卵形，紫褐色，先端钝，无毛。托叶镰形或心形，有粗腺齿，无毛。叶柄无毛，叶片宽卵形，无端急尖或短渐尖，基部楔形或宽楔形。裂片卵形至卵状披针形，先端急尖，边缘有较稀疏锐锯齿。伞房花序，多花，总花梗和花梗均无毛，稍被白粉。苞片膜质，线形，边缘有稀疏腺齿。花瓣宽倒卵形，白色。果实球形，红色，萼片宿存，反折；小核 3～5，内面两侧有凹痕。生长在山坡、沟边、路旁。主要分布于新疆、内蒙古、山西。

(二十) 准噶尔山楂

小乔木或灌木，高达 5 米；多数无刺，锥形；小枝圆柱形，幼嫩时散生柔毛，不久脱落，1 年生枝条紫红色或紫褐色，多年生枝条

11

灰褐色，疏生长圆形浅褐色皮孔；叶片菱状卵形或宽卵圆形，先端急尖，基部楔形，通常具有2~3对深裂片或在先端分裂较浅；伞房花序，多花；果实球形，少数宽椭圆形，深红黑色，具有少数浅色斑点，果肉黄色，多汁可食，萼片宿存，反折，含核2~3个，两侧平滑；果期7月。主要分布在新疆伊犁、霍城、天山等地。生长于海拔500~2700米的河谷、山谷、石山坡、针阔混交林内林缘、灌丛中。

二、山楂部分优良品种

（一）'安泽红'

山西安泽栽培较多，山西古县、临汾、蒲县、吉县、忻州、原平、浑源等地也有少量栽培。

果实较大，近圆形，纵径2.6厘米，横径2.7厘米，平均果重9.4克，最大果重11.0克；果皮鲜红色；果点较大而稀，灰褐色；果面较粗糙；果肉粉白，细软，风味酸甜，品质中上。百克鲜果可食部分含可溶性糖低，为6.96克；维生素C中等，为54.3毫克。

树体较矮小，高4米左右。2年生枝灰白色，1年生枝浅红褐色。皮孔灰褐色，近圆形，较密。叶片较大，三角状卵形，长10.0厘米，宽9.5厘米；羽状7~9裂，裂刻中深；叶基宽楔形，叶尖渐尖。花冠中大，冠径23~25毫米；雌蕊5；雄蕊20。萼片多闭合，偶有开张；种核4~5个。定植树3~4年开始结果，初期结果树产量较高。在山西省安泽地区，5月上旬始花，10月中旬果实成熟；果实发育期长，为140天。

该品种适应性强，在干旱瘠薄山地、丘陵地栽培易，早期丰产，盛果期树丰产稳产，果实品质中上，可在山西安泽地区栽培。

（二）'昌黎紫肉'

河北省农林科学院昌黎果树研究所从本地栽培山楂中选出的优良品系。河北遵化、昌黎有少量栽培。

果实中大，近圆形，纵径2.4厘米，横径2.4厘米，平均果重

7.9克；大小整齐。果皮紫红色，有光泽；果点中多而显著，灰白色；梗洼浅陷；萼片红色，三角形，残存；萼筒小，圆锥形；种核较小，百核重17.0克；种仁率中等，16.7%。果肉紫红，质硬，味酸稍甜；可食率很高，为85.6%。耐贮藏，贮藏期150天以上。

14年生树高3.3米；树冠圆锥形，冠径2.3米，树姿半开张。2年生枝灰褐色；皮孔密，椭圆形。叶片中大，卵形或三角状卵形，长8.9厘米，宽8.2厘米，羽状深裂；叶背密布短绒毛，叶基宽楔形，叶尖突尖，叶缘锯齿细锐，叶柄有绒毛。花冠较大，冠径26.0毫米；雌蕊4~5；雄蕊20；花药紫红色。

定植树3~4年开始结果，10年进入盛果期；花序坐果数少，4.0。在河北昌黎，3月下旬萌芽，5月中旬始花，10月上旬果实成熟，11月上旬落叶。营养生长期极长，为230天；果实发育期长，为140天。

该品种果实中大而整齐，果肉紫红，味酸稍甜，适宜鲜食和加工利用，有栽培发展价值，也是育种的宝贵原始材料。

(三)'敞口'

别名大石榴、大敞口、青口、黑头。山东鲁中山地主栽的农家品种。山东青州、临朐栽培最盛。河北、北京、辽宁和中原栽培区也有分布。

果实较大，扁圆形，纵径2.7厘米，横径2.9厘米，平均果重10.1克，最大果重7.0克。果皮深红色；果点较大而密，黄褐色；近萼处常有褐色斑块。梗洼浅陷；萼片绿色，开张反卷；萼筒大，漏斗形，故有"敞口"之名。种核4~5个，中大，百核重21.0克。果肉绿白，散生有红色斑点；肉质较细硬，味酸稍甜；可食率很高，为85.5%。百克鲜果可食部分含可溶性糖8.4~11.07克；可滴定酸2.5~4.0克；果胶2.1~2.9克；淀粉2.7克；维生素C中等，为48.1~65.2毫克；总黄酮0.4克；矿质元素总量为721.6毫克。干制山楂片，出片率高，为36.9%。

树高4~5米，冠径3~4米。树势强，树姿半开张；萌芽率中等，为44.4%；成枝力强，可发长枝5~6个；果枝长势极强，中庸母枝数多，0.7；果枝连续结果能力强，3/5~4/5。花序花数中等，17朵；自交亲和力很低，6.5%；自然授粉坐果率高，57.4%；花序坐果数中等，7.0。定植树3~4年开始结果，成龄树株产50~120千克。在山东青州及北京地区，4月上旬萌芽，5月上旬始花，10月上中旬果实成熟，10月末落叶。营养生长期极长，为210天；果实发育期很长，为150天。

2年生枝灰褐色，1年生枝紫褐色，无针刺。叶片极大，广卵圆形，长11.3厘米，宽10.8厘米，羽状中裂，叶背脉腋有髯毛，叶基楔形，叶尖长突尖。花冠大，冠径28.0毫米；雌蕊4~5，雄蕊20；花药紫红。$2n=3X=51$。

该品种是山东鲁中山地的主栽品种。它适应性强，分布面广，丰产、稳产；果实品质中上，适于加工和入药，特别是加工山楂干片，出片率高，质量好，早已为国内外知名产品。

(四)'大红子'

山东平邑、费县、临沂、枣庄等地栽培的农家品种。

果实较小，近圆形，纵径2.4厘米，横径2.6厘米，平均果重7.5克。果皮大红色；果点小而密，黄褐色。梗洼浅陷；萼片披针形，开张直立。果肉粉红，甜酸适口，肉质细硬；可食率较高，81.1%；耐贮藏，贮藏期210天。

树冠圆锥形，树姿直立，树势中庸；萌芽率中等，42.9%；成枝力弱，一般发长枝1~2个；中短枝成花力强。花序花数较少，15朵，自然授粉坐果率较低，29.5%；花序坐果数较少，5.4。定植树3年开始结果，6年生株产5.5千克，10年生株产33.6千克。在辽宁葫芦岛地区，4月中旬萌芽，5月中旬始花，10月上旬果实成熟，10月下旬落叶。营养生长期长，200天；果实发育期较长，139天。

2年生枝灰白色，1年生枝浅褐色。叶片中大，菱状卵形，长9.7厘米，宽9.2厘米；羽状中裂，叶基宽楔形，叶尖长突尖，叶背叶脉稀有毛。花序梗密布短绒毛，花冠中大，冠径2~3毫米，雌蕊

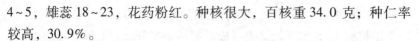

4~5，雄蕊 18~23，花药粉红。种核很大，百核重 34.0 克；种仁率较高，30.9%。

该品种适应性强，结果早；果实品质中上，制山楂干片出片率高。

（五）'大红袍'

胶东半岛黄县一带的农家品种，山东福山等地也有少量栽培。

果实中大，方圆形，纵径 2.7 厘米，横径 2.9 厘米，平均果重 8.0 克，大小不整齐。果皮大红色；梗洼浅陷，有残毛，果梗也有毛。果点较大，星芒状，黄褐色；萼片浅紫，闭合或开张，有毛。果肉粉红色，肉质松软，酸甜适口；可食率高，86.7%；不耐贮藏，贮藏期 60 天左右。

2 年生枝灰褐色，1 年生枝栗褐色。叶片广卵圆形，5~7 羽状浅裂；叶梗细长，淡红色；叶基截形；叶尖渐尖。花冠较大，冠径 26.0 毫米，雌蕊 3~5，雄蕊 17~22，花药紫红。

该品种树势健壮，结果早，丰产，鲜食品质中上。

（六）'大货'

山东历城一带栽培的农家品种，泰安地区也有栽培。

果实较大，近圆形，纵径 2.5 厘米，横径 2.8 厘米，平均果重 10.2 克。果皮深红，近萼片有绿色斑块，阴面稍浅淡，大红色，厚敷果粉；果点较大而密，黄褐色，果面粗糙。梗洼浅陷，萼片开张反卷，萼筒漏斗形。果肉绿白，味酸稍甜，肉质粗硬；可食率极高，88.7%；较耐贮藏，贮藏期 150 天左右。百克鲜果可食部分含可溶性糖较高，9.9 克；可滴定酸中等，2.7 克；淀粉多，4.2 克；果胶低，1.9 克；维生素 C 较高，70.9 毫克；总黄酮高，0.8 克。

树高 4~5 米，冠径 3~4 米，树势强。萌芽率中等，44.4%；成枝力较弱，可发长枝 2~3 个；中、长枝成花力强，果枝长势中等。

花序花数中等，17 朵自交亲和力低，11.1%；自然授粉坐果率低，17.5%；花序坐果数较少，3.6。在山东省菏泽、泰安地区，4月中旬萌芽，5 月初始花，10 月上中旬果实成熟，11 月上旬落叶。

营养生长期极长，220 天；果实发育期很长，150 天。

定植树 4~5 年开始结果；成龄树树姿半开张；2 年生枝灰褐色，1 年生枝红褐色；皮孔椭圆形，灰白色，较稀；无针刺。叶片中大，三角状卵形，长 9.9 厘米，宽 7.9 厘米，羽状中裂，叶基宽楔形，叶尖短突尖。花冠较大，冠径 25.0 毫米；雌蕊 4~5，雄蕊 20，花药粉红；种核 4~5 个，中大，百核重 16.3 克；种仁率低，10%。$2n = 3X = 51$。

该品种树体健壮，适应性强，耐旱，较丰产，但果实品质较差，生产上不宜大量发展。

（七）'大金星'

山东临沂、潍坊和泰安等地主栽的农家品种。

果实极大，阔倒卵圆形，纵径 2.9 厘米，横径 3.5 厘米，平均果重 16.2 克，最大果重 19.4 克，大小整齐。果皮深红或紫红色；果点极大而密，黄褐色；梗洼浅陷；果肩稍平，呈多棱状；萼片卵状披针形，开张反卷；萼筒较小，圆锥形。果肉绿白，散生红色斑点；味酸稍甜，肉质细硬，可食率极高，88.3%。百克鲜果可食部分含可溶性糖高，11.4 克；可滴定酸很高，3.6 克；果胶较低，2.7克；淀粉高，6.8 克；总黄酮中等，0.42 克；维生素 C 中等，62.4~73.6 毫克。鲜果加工干片，出片率高，35.6%。

树高 4~5 米，冠径 3.5~4.5 米，树势强；萌芽率中等，45.1%；成枝力强，可发长枝 4~5 个。定植树 4~5 天开始结果，中、长枝成花力强，果枝长势强。花序花数中等，18 朵；自交亲和力低，5.5%；自然授粉坐果率高，52.9%；花序坐果数高，8.8，最多坐果 16 个；母枝负荷量较高，143.5 克；果枝连续结果能力强，3/5~4/5。在鲁中山地，4 月中旬萌芽，5 月上旬始花，10 月中旬果实成熟，11 月上旬落叶。营养生长期极长，220 天；果实发育期极长，160 天。

3 年生枝灰褐色，1 年生枝红褐色，无针刺；皮孔黄白较密，圆形。叶片极大，广卵圆形，长 9.9 厘米，宽 10.7 厘米，羽状 5~7 浅

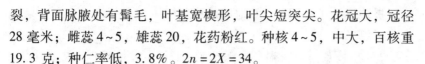

裂，背面脉腋处有髯毛，叶基宽楔形，叶尖短突尖。花冠大，冠径28毫米；雌蕊4~5，雄蕊20，花药粉红。种核4~5，中大，百核重19.3克；种仁率低，3.8%。$2n=2X=34$。

该品种丰产、稳产；果实极大，品质中上，适于入药和加工利用。为鲁中山地的主栽品种。

(八)'大旺'

中国农业科学院特产研究所等1976年从吉林磐石栽培山楂中选出的农家品种，现存永吉县的一株老树已百余年生。1980年通过省级鉴定，命名'大旺'。1987年经吉林省农作物品种审定委员会认定为优良品种。主产吉林省吉林、长春地区。分布于黑龙江中南部、内蒙古哲里木盟、辽宁北部及河北长城以外地区。

果实较小，卵圆形，果肩呈收缩状，纵径2.4厘米，横径2.2厘米，大小较整齐，平均果重6.3克。果皮深红色平滑光洁，果面有残毛；果点中大，较稀，黄白色；梗洼浅陷；萼片三角状卵形，开张反卷；萼筒中大，漏斗形。果肉粉白至粉红，肉质细，较松软，甜酸。可食率中等，80.1%；较耐贮藏，贮藏期90天。百克鲜果可食部分含可溶性糖较高9.4克；可滴定酸较高，3.1克；总黄酮极高，0.9克；维生素C中等，66.7毫克；维生素$B_1$41.0毫克；氨基酸11.3毫克；矿质元素61.5毫克。

成龄树高4~5米，冠径3.5~4.0米，树势强，树姿半开张。萌芽率极高，74.4%；成枝力中等，可发长枝3~4个。花序花数较多，21朵；自交亲和力极低，1.6%；自然授粉坐果率很低，17.1%；花序坐果数少，3.6。采用花期喷施赤霉素（GA_3），花朵坐果率可提高到32.7%，花序坐果数可达5.9个，平均果重可达7.2克。果枝长势较强，中、长枝结果为主，占总枝70.2%；母枝负荷量中等，110.4克；果枝连续结果能力高。定植树4~5年开始结果，10年左右进入盛果期，平均株产21.6千克。在吉林地区，4月下旬萌芽，5月末始花，9月下旬至10月初果实成熟，10月下旬落叶。营养生长期中，175天；果实发育期中，120天。抗寒，在年平均气温4℃左右，极端最低气温 – 41.3℃地区栽培，树体与花芽均无冻害，果实正常成熟。

2年生枝灰白至灰褐色，无针刺；1年生枝棕褐色；皮孔中大，稀，椭圆形，灰白色。叶片大，阔卵圆形，长9.3厘米，宽10.1厘米，羽状浅裂，叶背脉腋有髯毛，叶基宽楔形，叶尖斯尖，叶梗少有绒毛。花序梗密生短绒毛，花冠大，冠径27.2毫米，雌蕊4~5，雄蕊20，花药粉红。种核4~5，核大，百核重31.1克。$2n = 3X = 51$。

该品种抗寒能力强，中熟；果实品质中上，较耐贮藏，适于鲜食、加工和入药，为寒地栽培区的主栽品种。初期结果树产量低，栽培时需要采用花期喷施赤霉素措施。

（九）'寒丰'

辽宁省本溪市农委多种经营处1983年从桓仁县黑沟乡栽培山楂中选出的农家品种，当地称为白条山楂。1987年经辽宁省农作物品种审定委员会审定，命名为'寒丰'。主产辽宁省本溪东部山区，分布于辽宁北部及吉林等地。

果实中大，近圆形，纵径2.4厘米，横径2.4厘米，平均果重8.4克。果皮深红色，果点小而密，黄褐色。果肉粉红，甜酸适口，肉质细，致密；可食率高，82.0%；较耐贮藏。百克鲜果可食部分含可溶性糖较高，10.6克；可滴定酸极高，4.9克；维生素C较高，76.4毫克。

成龄树的树冠半圆形，树姿开张。萌芽率极高，65.5%。成枝力较强，可发长枝3~4个。花序花数较多，22.7朵；自然授粉座果率极低，4.5%。果枝连续结果能力较强。定植树3年开始结果，7年生平均株产23.5千克。在辽宁本溪地区，4月下旬萌芽，5月末始花，10月上旬果实成熟。营养生长期较长，175天；果实发育期中等，130天。抗寒，在年平均气温5.2℃，绝对最低气温37.0℃条件下，树体与花芽均无冻害，果实正常成熟。

2年生枝灰白色，无针刺；1年生枝灰白色，皮孔椭圆形。叶片很大，阔卵圆形，长 10.6 厘米，宽 10.4 厘米，羽状深裂，叶基宽楔形。雌蕊 5，雄蕊 20。种核 4~5，较大；百核重 25.5 克；种仁率很低，6.6%。

该品种抗寒、中熟；果实中大，品质中上。适宜在寒地栽培区栽培。

（十）'寒露红'

北京市农林科学院林业果树研究所等 1978 年从北京房山南上乐乡下滩材栽培山楂中选出的农家品种，当地称为大麻星。1984 年经鉴定命名为'寒露红'。主产北京房山、门头沟、延庆等县区及河北涞水县、书在州市等地。

果实中大，倒卵圆形，纵径 2.5 厘米，横径 2.6 厘米，平均果重 7.7 克，最大果重 10.6 克。果皮深红色；果点密，黄褐色，较大而突出；果面较粗糙；梗洼隆起；萼片卵状披针形，半开张反卷；萼筒小，圆锥形。果肉绿白，甜酸，肉质硬；可食率极高，87.5%；较耐贮藏，贮藏期 160 天。百克鲜果可食部分含可溶性糖中等，9.4 克；可滴定酸高，3.6 克；总黄酮高，0.8 克；果胶 2.6 克；维生素 C 极高，82.0~100.0 毫克。

树冠自然圆头形，树姿半开张，树高 4.8~5.6 米，冠径 5.7 米，树势强。萌芽率极高，65.2%；成枝力低，一般发长枝 1~2 个。花序花数较多，24.7 朵；自交亲和力极低，3.8%；自然授粉坐果率较低，21.2%；花序坐果数少，4.6；花期喷施赤霉素（GA$_3$），花朵坐果率可提高到 40.1%。母枝负荷量高，165.2 克；果枝连续结果能力强，3/5~4/5。定植树 3~4 年开始结果，成龄树平均株产 63.5 千克，最高株产 230.2 千克。在北京地区，3 月末萌芽，5 月初始花，10 月中旬果实成熟，11 月下旬落叶。营养生长期 235 天，果实发育期 150 天。

2 年生枝灰褐色；皮孔较大，椭圆形，灰白色；无针刺。新梢红褐色，少有绒毛。叶片中大，三角状卵形，长 9.4 厘米，宽 9.1 厘米，羽状深裂，叶背稀布短绒毛，叶基楔形，叶尖渐尖。花序梗稀布短绒毛；花冠中大，冠径 26 毫米；雌蕊 4~5，雄蕊 20，花药粉红；种核 4~5，较大，百核重 18 克；种仁率极低，1.4%。

该品种适应性强，丰产；果实品质中上，较耐贮藏。适于加工和制药。

（十一）'菏泽山楂'

山东省菏泽农业试验站 1956 年从本地栽培山楂中选出的农家品种。主产山东菏泽、定陶、鄄城等地。辽宁葫芦岛前所果树农场有引种。

果实较大，近圆形，纵径 2.8 厘米，横径 2.9 厘米，平均果重 11.6 克。果皮阳面深红色，阴面大红色，果肩呈多棱状；果点小而密，灰白色；萼片三角形，闭合反卷；萼筒小，圆锥形；梗洼狭陷。果肉黄白，散生红色斑点，甜酸有果香，肉质致密；可食率高，83.6%；耐贮藏性中等，贮藏期 100 天。

树高 5 米，冠径 4.0~4.5 米，树势强。萌芽率高，53.3%；成枝力中等，可发长枝 3~4 个。花序花数中等，21.1 朵；自然授粉坐果率低，23.8%；花序坐果数中等，6.4；母枝负荷最高，168 克；果枝连续结果能力中等，2/5~3/5。定植树 4~5 年开始结果，初期结果树株产 48.5 千克，最高株产 87 千克。在辽西地区，4 月上旬萌芽，5 月下旬始花，10 月上旬果实成熟，10 月下旬落叶。营养生长期 197 天，果实发育期 136 天。

2 年生枝灰褐色；皮孔中大，椭圆形，灰白色；无针刺。叶片中大，三角状卵圆形，长 8.0 厘米，宽 9.4 厘米，羽状深裂，叶背脉腋有髯毛，叶基近圆形，叶尖长突尖。花序梗密布短绒毛花冠大，冠径 28 毫米；雌蕊 4~5，雄蕊 20，花药棱黄；种核大，百核重 30 克。

该品种适应性强，丰产。果实品质上，适于鲜食和加工利用。适宜鲁西地区栽培发展。

（十二）'红林实生'

北京市农林科学院林业果树研究所 1984 年从北京怀柔县茶坞乡

选出的实生株系。

树高4.5米，冠径4.5~5.2米，树姿半开张。二年生枝黄褐色；皮孔大而稀，椭圆形，灰白色；无针刺。叶片大，三角状卵圆形，长11.5厘米，宽9.2厘米，5~7羽状深裂，叶基楔形，叶尖短突尖，叶背脉上密布长绒毛。叶柄和花序梗有长绒毛。花冠较小，冠径22毫米；雌蕊3~5，雄蕊20，花药粉红。果实较小，长圆形，纵径2.4厘米，横径2.3厘米，平均果重5.4克。果皮鲜红色；果点小而稀，黄褐色；果面平滑光洁；梗洼浅陷；萼片三角形，开张反卷。果肉浅黄，酸甜有果香，肉质细软；可食率较高，80.5%；贮藏性中等，贮藏期80天左右。百克鲜果可食部分含可溶性糖中等，9.4克；可滴定酸较高，2.7克；果胶2.0克；维生素C高，88.5毫克；矿质元素总量137.5毫克。

树势强。萌芽率高，57.3%；成枝力中等，可发长枝2~3个。花序花数较多，25朵；自交亲和力极低，2.0%；自然授粉坐果率中等，42.0%；花序坐果数较多，6.9；果枝长势极强；母枝负荷量低，70.2克；果枝连续结果能力强。成龄树平均株产40.3千克，最高株产75千克。在北京地区，3月末萌芽，5月末始花，9月末果实成熟，10月下旬落叶。营养生长期210天，果实发育期125天。种核小，百核重14.6克；种仁率高，39.0%。

该株系抗旱，耐盐碱，适应性强，中熟；果实品质上；适宜鲜食和加工果汁。适宜做授粉树，也是育种的宝贵资源。

(十三)'红面楂'

山东青州、临朐、沂源等鲁中山区长期栽培的农家品种。辽宁省葫芦岛市前所果树农场有引种。

果实较小，近圆形，纵径2.0厘米，横径2.4厘米，平均果重6.0克。果皮鲜红色；果点小，黄白色；梗洼浅陷；萼片三角形，开张反卷。果肉橙红，甜酸适口，肉质细软；可食率很高，84.3%。百克鲜果可食部分含可溶性糖极高，12.69克；可滴定酸较高，3.1克；维生素C高，86.7毫克。

　　树冠圆锥形，树姿直立，树势中庸。萌芽率极高，63.8%；成枝力强，可发长枝5~6个；中、长枝成花能力强。花序花数中等，19.5朵；自然授粉坐果率中等，37.9%；花序坐果数较多，7.1；定植树3年开始结果，6年生株产25.3千克，10年生株产52.2千克。在辽西地区，4月中旬萌芽，5月中旬始花，9月下旬果实成熟，10月中旬落叶。营养生长期185天，果实发育期125天。2年生枝灰白色，少有针刺。叶片中大，菱状卵形，长9.1厘米，宽7.7厘米，羽状中裂，叶基下延楔形，叶尖长突尖。花冠较小，20毫米；雌蕊4~5；雄蕊18~20；花药粉红。种核中大，18.3克；种仁率高，50%。

　　该品种适应性强，耐旱，丰产。果实品质中上。适于鲜食和加工利用。

（十四）'集安紫肉'

　　吉林农业大学等单位1978年从吉林省集安县黄柏乡苗子沟村栽培山楂中选出的农家品种。1980年通过省级鉴定命名为'集安紫肉'。1987年经吉林省农作物品种审定委员会认定为优良品种。现今在辽宁、河北北部都已引种栽培。

　　果实中大，近圆形；纵径2.5厘米，横径2.7厘米；平均果重8.1克。果皮鲜紫红色，有光泽；果点小而密，黄褐色；梗洼隆起；萼片三角状卵形，闭合开张；萼筒小，圆锥形。果肉浅紫红，甜酸适口，肉质致密；可食率高，82.4%；耐贮藏，贮藏期180天。百克鲜果可食部分含可溶性糖较低，7.4%；可滴定酸较高，2.9克；维生素C极高，118.2毫克。

　　树高4.2米，冠径6.5米；萌芽率较低，36.2%；成枝力中等，可发长枝2~3个。花序花数中等，18.5朵；自然授粉坐果率较低，27%；花期喷施赤霉素（GA$_3$）花朵座果率可提高到41.4%。果枝连续结果能力中等，2/5~3/5。定植树3~4年开始结果，成龄树平均株产20.6千克，最高株产59.3千克。在吉林集安岭南地区，5月末始花，10月上中旬果实成熟，10月下旬落叶。营养生长期长，180

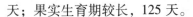

天；果实生育期较长，125 天。

树姿开张；3 年生枝灰褐色，无针刺；1 年枝紫褐色；皮孔长椭圆形，灰白色。叶片中大，卵圆形，长 9.3 厘米，宽 9.5 厘米；5~7 中裂或深裂；叶背脉上稀有毛。花序梗密生绒毛，雌蕊 5，雄蕊 20，花药粉红。$2n = 2X = 34$。

该品种较耐寒，中熟；果实中大，品质上，适于鲜食和加工利用。可在河北、北京、辽宁栽培区栽培。

（十五）'锦红'

辽宁省农业科学院园艺研究所等单位 1982 年从葫芦岛市连山区张相公乡栽培的山楂中选出的农家品种。1987 年通过省级鉴定，命名为闾山粉肉，《中国果树志》更名为'锦红'。主产辽西地区，分布于内蒙古哲里木盟等地。

果实中大，倒卵圆形，纵径 2.6 厘米，横径 2.5 厘米，平均果重 8.0 克。果皮阳面深红色，阴面大红色，敷果粉；果肩呈多棱状；梗洼隆起，少数一侧有肉疣状突起；果点中小，黄褐色；萼片三角状卵形，红色，半开张反卷；萼筒中大，漏斗形。果肉粉白或浅粉红；甜酸适口，肉细致密，可食率很高，84.7%；耐贮藏，贮藏期 150 天左右。百克鲜果可食部分含可溶性糖较高，9.7 克；可滴定酸高，3.8 克；维生素 C 高，74.4 毫克。树高 5~6 米，冠径 8.9~9.6 米。萌芽率高，54.0%；成枝力弱，一般发长枝 1~2 个。

花序花数中等，22.5 朵；自然授粉坐果率较低，22.6%；花序坐果数较低；果枝连续结果能力强。定植树 3~4 年开始结果，15 年生平均株产 25 千克。在辽西地区，4 月中旬萌芽，5 月下旬始花，10 月上旬果实成熟，11 月上旬落叶。营养生长期长，185 天果实发育期长，140 天。树体较耐寒，耐旱。

树冠呈自然半圆形，2 年生枝灰褐色；皮孔长圆形，灰白色，无针刺；1 年生枝深褐色。叶片中大，卵圆形，长 9.5 厘米，宽 8.5 厘米，羽状中裂，叶基宽楔形，叶尖渐尖，叶背脉上有短绒毛。花序梗也有短绒毛；花冠中大，25.0 毫米；雌蕊 4~5；雄蕊 20，花药紫红。$2n = 2X = 34$。

该品种适应性较强，较抗寒，耐旱。果实品质中上，适于鲜食和加工利用。

(十六)'金星'

北京市农林科学院林业果树研究所等单位 1978 年从北京怀柔县茶坞乡红林材栽培山楂中选出的农家品种，别名小金星。经多点试种表现良好，1984 年通过鉴定命名为'金星'。主产北京怀柔、密云、平谷、门头沟等地。分布于河北北部及天津蓟县等地。

果实中大，近圆形；纵径 2.7 厘米，横径 2.7 厘米；平均果重 9.8 克。果皮鲜红色；果肩呈半球状；梗洼浅陷；果点小，鲜黄色；果面光洁，敷蜡质；萼片三角状卵圆形，闭合或半开张；萼洼周围有小肉疣突起；萼筒圆锥形。果肉粉白至粉红；甜酸适口，稍有果香，肉细致密；可食率极高，86.5%；较耐贮藏，贮藏期 150 天左右。百克鲜果可食部分含可溶性糖较高，10.1 克；可滴定酸很高，3.7 克；总黄酮 0.38 克；果胶 2.78 克；维生素 C 较高，72.7~85.7 毫克；维生素 B_1 15.0 毫克；维生素 B_2 56.3 毫克；胡萝卜素 0.7 毫克；矿质元素总量 126.2 毫克。

树高 4.3 米，冠径 6.4~6.5 米。树势中庸；萌芽率中等，45%；成枝力高，可发长枝 4~5 个。花序花数中等，22.2 朵；自交亲和力低，9.9%；自然授粉坐果率中等，32.5%；花序坐果数较少；母枝负荷量极高，185 克；果枝连续结果能力强。定植树 3~4 年开始结果，成龄树平均株产 60.3 千克，最高株产 105.6 千克。在北京地区，3 月末萌芽，5 月初始花，10 月上中旬果实成熟，11 月下旬落叶。营养生长期极长，235 天；果实发育期长，140 天。抗花腐病和白粉病。

树冠半圆形，树姿半开张；2 年生枝紫褐色；皮孔大，近圆形，黄褐色；无针刺。叶片大，三角状卵圆形，长 10.5 厘米，宽 9.5 厘米，5~7 羽状深裂，叶背脉腋有鬓毛，叶基楔形，叶尖短突尖，叶柄稀有毛。花序梗有短绒毛；花冠大，26 毫米；雌蕊 4~5；雄蕊

22；花药粉红。种核 4~5，中大，百核重 18.0 克；种仁率低，7%~
10%。$2n = 2X = 34$。

该品种适应性强，丰产，稳产；果实品质上，较耐贮藏，适于
鲜食、加工和入药，是北京地区的主栽品种。

(十七)'金星绵'

山东省栖霞县东南部栽培的农家品种。

果实较大，近圆形；纵径 2.4 厘米，横径 2.7 厘米；平均果重
11.0 克。果皮大红色；果肩呈多棱状，多数果实的果肩部常一侧隆
起；果梗密生绒毛；萼片闭合果面较粗糙。果肉黄白或橙黄，味酸
稍甜，肉质较松软；可食率很高，88.4%。百克鲜果可食部分含可
溶性糖较低，7.8 克；可滴定酸较高，2.9 克；总黄酮中等，0.4 克；
维生素 C 较低，58.0 毫克。

树势强；萌芽率低，33.3%；成枝力弱，一般发长枝 1~2 个，
果枝连续结果能力强。在山东栖霞地区，3 月下旬萌芽，5 月中旬始
花，10 月下旬果实成熟，11 月中旬落叶。营养生长期极长，240 天；
果实发育期极长，160 天。

树姿开张；2 年生枝黄褐色，无针刺；1 年生枝红褐色。叶片中
大，长 9.0 厘米，宽 9.0 厘米，羽状 7~11 裂，基裂叶近于全裂，叶
基截形，叶尖渐尖。花冠较大，25 毫米：花药紫红。$2n = 2X = 34$。

该品种树势强，丰产；果实品质中上适于入药和加工利用。

(十八)'滦红'

河北省滦平县林业局等单位 1980 年从滦平县滦平镇三地沟门村
栽培山楂中选出的农家品种。1985 年通过省级鉴定，命名为'滦
红'。主产河北承德、唐山和秦皇岛。

果实较大，近圆形；纵径 2.8 厘米，横径 3.0 厘米；平均果重
10.3 克。果皮鲜紫红色；果肩部多棱状；果点大而稀，灰白色；果
面光洁艳丽；梗洼浅陷；萼片三角状卵圆形，残存，开张反卷；萼
筒小，圆锥形。果肉红至浅紫红，甜酸，肉质细硬；可食率极高，
85.3%；耐贮藏，贮藏期 180 天。百克鲜果可食部分含可溶性糖较

高，9.75 克；可滴定酸很高，3.64 克；维生素 C 极高，104.9 毫克。

树高 4.4 米，冠径 5.2 米，树势中庸；萌芽率高，54.9%；成枝力中等，可发长枝 3～4 个。中、长枝成花能力强，花序花数中等，21.5 朵；自然授粉坐果率较低，26%；花序坐果数较少，5.0；果枝连续结果能力强。定植树 3～4 年开始结果，成龄树平均株产 37.2 千克，最高株产 100.6 千克。在河北省滦平，4 月中旬萌芽，5 月末始花，10 月上旬果实成熟，10 月下旬落叶。营养生长期长，185 天；果实发育期较长，130 天。

树冠自然半圆形，树姿开张。2 年生枝红褐色；皮孔中大，菱形，灰白色；无针刺。叶片中大，广卵圆形，长 9.5 厘米，宽 9.7 厘米，羽状中裂，叶柄和叶背密布短绒毛。花冠较大，冠径 24 毫米，雌蕊 4～5，雄蕊 20，花药紫红。种核中大，百核重 16.2 克；种仁率高，50%。$2n = 2X = 34$。

该品种较抗寒，耐旱，丰产性中等；果实品质上，适于加工和鲜食。加工试验证明，果汁、果糕及糖水罐头等色、香、味俱佳。可在河北、北京、辽宁栽培区栽培。

(十九)'辽红'

辽宁省农业科学院果树研究所等单位 1978 年从辽阳市灯塔县柳河乡栽培山楂中选出的农家品种，当地称为辽阳紫里。1982 年经辽宁省农作物品种审定委员会审定，命名为'辽红'。主产辽宁中部各地，分布于北京、河北等地。

果实中大，长圆形；纵径 2.5 厘米，横径 2.4 厘米；平均果重 7.9 克。果皮深红色；果肩部呈五棱状；梗洼浅陷；果点较小，黄白色；果面光洁艳丽；萼片三角状卵圆形，残存，半开张反卷；萼筒圆锥形。果肉鲜红至浅紫红，肉细致密，甜酸适口；可食率高，84.4%；耐贮藏，贮藏期 180 天。百克鲜果可食部分含可溶性糖较高，10.3 克；可滴定酸高，3.6 克；维生素 C 高，82.1 毫克。

树势强；萌芽率中等，44.0%；成枝力弱，一般发长枝 2～3 个。

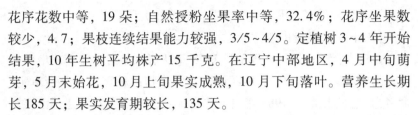

花序花数中等，19 朵；自然授粉坐果率中等，32.4%；花序坐果数较少，4.7；果枝连续结果能力较强，3/5～4/5。定植树 3～4 年开始结果，10 年生树平均株产 15 千克。在辽宁中部地区，4 月中旬萌芽，5 月末始花，10 月上旬果实成熟，10 月下旬落叶。营养生长期长 185 天；果实发育期较长，135 天。

树冠自然圆头形，树姿开张；2 年生枝棕黄色，皮孔圆形或椭圆形，无针刺；1 年生枝深褐色。叶片较大，卵圆形；长 9.6 厘米，宽 9.0 厘米，羽状 5～7 裂，基裂刻深，叶基近圆或宽楔形，叶尖渐尖，叶背脉腋有髯毛。花冠小，冠径 14 毫米；雌蕊 4～5；雄蕊 20；花药紫红。种核 4～5，中大，百核重 20.2 克。$2n = 2X = 34$。

该品种较抗寒，果实中大，品质上，耐贮藏，适于加工、鲜食和入药。可在河北、北京、辽宁产区栽培。

（二十）'隆化粉肉'

河北隆化栽培的农家品种，现存老树已百余年生。主要分布于河北长城以外地区。

果实中大，扁圆形；纵径 2.3 厘米，横径 2.4 厘米；平均果重 7.7 克。果皮深红色；果点中大，黄褐色；果面粗糙，梗洼浅陷；萼片卵状披针形，紫绿色，开张反卷；萼筒近圆形。果肉粉红，肉质粗硬，味酸稍甜；可食率较高，81.2%；耐贮藏，贮藏期 150 天以上。百克鲜果可食部分含可溶性糖较低，7.7 克；可滴定酸高，3.2 克；维生素 C 中等，61.4 毫克。

树势较强；萌芽率中等；成枝力较弱；花序花数中等，19.9 朵；自然授粉坐果率较低，28.2%。定植树 4 年开始结果；8 年生平均株产 19 千克。在辽宁沈阳地区，4 月下旬萌芽，5 月下旬始花，10 月中旬果实成熟，10 月下旬落叶。营养生长期较长，180 天；果实发育期较长，135 天。

2 年生枝灰褐色，无针刺；1 年生枝深褐色。叶片中大，三角状卵形，长 8.4 厘米，宽 8.3 厘米，羽状深裂，叶背无毛。种核 5，中大，百核重 19.2 克；种仁率中等，26.2%。

该品种较抗寒，果实品质中上，适于加工利用。

（二十一）'磨盘山楂'

辽宁省抚顺市供销社等单位 1978 年从清原县南口前乡栽培山楂中选出的农家品种。1984 年经辽宁省农作物品种审定委员会审定，命名为'磨盘山楂'。1983 年引入北京地区，很受果农欢迎，已繁殖推广 2 万余株。

果实大，扁圆形；纵径 2.4 厘米，横径 2.7 厘米；平均果重11.2 克。果皮深红色；果点中大，黄白色；梗洼浅陷，果梗基部肉疣状肥大；萼片三角形，开张反卷；萼筒近圆形。果肉绿白，甜酸，肉质致密；可食率高，83.9%；耐贮藏，贮藏期 130 天左右。百克鲜果可食部分含可溶性糖中等，8.9 克；可滴定酸较高，3.0 克；果胶 2.2 克；维生素 C 中等，59.8~63.8 毫克；胡萝卜素 0.4 毫克。

树势强；萌芽率极高，67%；成枝力中等，可发长枝 2~3 个。花序花数中等，19 朵；自然授粉坐果率较高，43.2%；花序坐果数中等，5.9；果枝连续结果能力强。定植树 3~4 年开始结果，初期结果树平均株产 16.5 千克，最高株产 72 千克。在辽宁清原，4 月中旬萌芽，5 月末始花，10 月中旬果实成熟，10 月下旬落叶。营养生长期长 180 天；果实发育期长，140 天。

树冠自然圆头形；树姿半开张；2 年生枝灰褐色，无针刺；1 年生枝深褐色；皮孔长椭圆形，灰白色。叶片极大，长卵圆形，长12.0 厘米，宽10.9 厘米，叶面浓绿，叶背脉腋有髯毛，7~9 羽状浅裂，叶基楔形，叶尖短突尖。花冠很大，30 毫米；雌蕊 4~5；雄蕊20；花药紫红。种核 3~5，较大，百核重 24 克。$2n = 3X = 51$。

该品种丰产、稳产；果实大，品质中上，耐贮藏，适于加工和入药。

（二十二）'秋丰'

鞍山市郊区的农家品种，当地称为大山里红。

果实较小，长圆形，纵径 2.2 厘米，横径 2.0 厘米，平均果重5.4 克。果皮深红色；果点小而密，黄褐色；梗洼隆起，近梗基的一侧有较大的肉疣突起；萼片紫褐色，卵状披针形，开张反卷；萼筒漏斗形。果肉粉红，味酸稍苦，肉质松软；可食率较低，75.2%；贮藏性差，贮期60天左右。百克鲜果可食部分含可溶性糖很高，11.3克；可滴定酸很高，3.8克；维生素C极高，118.5毫克。

树势中庸，萌芽率中等，成枝力较弱；花序花数较少，13朵；自然授粉坐果率中等，36.6%；种核中大，16克；种仁率极高，67.5%。定植树3年开始结果，8年生树平均株产17千克。在鞍山地区，4月中旬萌芽，5月中旬始花，9月中旬果实成熟，10月中旬落叶。营养生长期较长，180天；果实发育期中等，120天。抗寒能力较强；采前落果严重。

2年生枝灰褐色，无针刺。叶片极大，三角状卵形，长10.8厘米，宽11.1厘米，羽状中裂，叶基宽楔形。

该品种抗寒能力较强，果实中熟。果实有苦味，不适于加工，但可入药。

(二十三)'秋红'

北京郊区果农从野生山楂中选出并长期栽培利用的农家品种。主产怀柔、昌平，分布于延庆、密云和门头沟等地。

果实小，近圆形；纵径1.9厘米，横径2.1厘米；平均果重3.4克；最大果重5.5克。果皮深红或紫红色，果面平滑有光泽；梗洼浅陷，梗基一侧常有小肉疣突起；果点小而少，黄褐色；萼片三角形，开张反卷；萼筒漏斗形。果肉红或紫红；酸甜适口，香气浓，肉质细致密；可食率中等，78.7%；较耐贮藏，贮藏期100天左右。百克鲜果可食部分含可溶性糖低，7.6克；可滴定酸低，1.8克；果胶2.1克；维生素C较高，77.6毫克。

树高3.5~4.5米，冠径3.5~4米。树势强；萌芽率高，58%；成枝力较强，可发长枝3~4个。花序花数中等，22.4朵；自交亲和力极低，0.56%；自然授粉坐果率低，20.4%；花序坐果数较多，7.2；母枝负荷量较低，92。如果枝连续结果能力中等。定植树4年开始结果，成龄树平均株产25.2千克，最高株产60.5千克。在北京地区，3 月下旬萌芽，4 月末始花，9 月中下旬果实成熟，10 月中下旬落叶。营养生长期长，220 天；果实发育期中等，130 天。抗寒能力较强，耐旱，耐瘠薄土壤。

树姿直立或半开张，树冠自然圆头形；2 年生枝灰褐色，有针刺。叶片小而薄，三角状卵圆形，长 7.0 厘米，宽 7.4 厘米，5～7 羽状深裂，叶背脉上有短绒毛，叶基宽楔形，叶尖渐尖。花序梗密布短绒毛，有副花序。花冠小，冠径 18 毫米；雌蕊 3～5；雄蕊 20；花药乳白。种核小，8.4 克，种仁率极高，61%。

该品种树势较强，较抗寒，耐旱，适于作为绿化树。果实品质上，适于鲜食和加工饮料。

(二十四)'秋金星'

辽宁省农业科学院园艺研究所 1960 年从鞍山市郊区唐家房乡摩云山村栽培山楂中选出的农家品种。因在小果山楂中，它果点较大，当地称为大金星。1976 年中国农业科学院特产研究所引入吉林省试栽和多处推广证明该品种适于寒地栽培。1982 年经辽宁省农作物品种审定委员会审定命名为辽宁大金星，《中国果树志·山楂》更名为'秋金星'。主产辽宁省鞍山和吉林省，分布黑龙江牡丹江、河北长城以外地区以及内蒙古哲里木盟等地。

果实较小，近圆形；纵径 1.9 厘米，横径 2.0 厘米；平均果重 5.5 克。果皮深红色；果点中大，圆形，灰褐色，多而均匀分布；梗洼稍浅陷，果梗细；萼片三角形，半开张直立或闭合；萼筒小，圆锥形。果肉浅红或浅紫红；甜酸适口，香气浓；肉细致密，可食率中等，79.3%，较耐贮藏，贮藏期 90 天左右。百克鲜果可食部分含可溶性糖高，11.3 克；可滴定酸很高，3.4 克；总黄酮中等，0.5 克，维生素 C 中等，60.6 毫克。

树高 4～4.5 米，冠径 3.5～4.0 米，树姿半开张，树势中庸。萌芽率中等，45.5%；成枝力中等，可发长枝 3～4 个。花序花数中，19.5 朵，自交亲和力中等，24.5%；自然授粉坐果率较高，44.6%；花序坐果数多，8.0；母枝负荷量中等；120 克；果枝连续结果能力较强。定植树3~4年开始结果，初期结果树平均株产25千克，盛果期树平均株产35~50千克。在辽宁鞍山地区，4月上旬萌芽，5月下旬始花，9月中旬果实成熟，10月下旬落叶。营养生长期长，185天；果实发育期中等，125天。在年平均气温3.5℃，绝对最低气温−40℃地区栽培，树体与花芽均无冻害，果实可正常成熟。但易染花腐病和早期落叶病。

2年生枝灰白色，无针刺；1年生枝黄褐色；皮孔较大而稀，椭圆形，黄白色。叶片中大，卵圆形，长11.5厘米，宽8.5厘米，叶背无绒毛，羽状7~9深裂，叶基楔形，叶尖渐尖。花冠较小，冠径20毫米，雌蕊4~5，雄蕊18~20，花药粉红。种核4~5，较小，百核重12克；种仁率极高，86%。$2n = 2X = 34$。

适于鲜食和加工利用。为寒地栽培区的主栽品种，也是育种的宝贵材料。

(二十五) '秋里红'

辽宁省铁岭市果蚕站等1982年从辽宁省昌图县下二台乡栽培的山楂中选出的农家品种。1987年经辽宁省农作物品种审定委员命名为'秋里红'。主产辽宁省昌图县等地。

果实较小，近圆形；纵径1.9厘米，横径2.1厘米；平均果重3.5克。果皮紫红色；果点小，黄褐色；梗洼隆起，梗基一侧常有肉疣状突起；萼片三角状披针形，开张反卷；萼筒近圆形。果肉鲜红或浅紫红；甜酸有果香；肉细致密，可食率低，72.9%。百克鲜果可食部分含可溶性糖很高，11.8克；可滴定酸极高，4.0克；果胶1.9克；维生素C较高，72.3毫克。

树势较强，树姿半开张；萌芽率极高，64.9%；成枝力弱，一般发长枝1~2个。花序花数中等，20朵；自然授粉坐果率很高，60%；果枝连续结果能力强。定植树3~4年开始结果，10年生树平均株产28.5千克。在辽宁昌图，4月上旬萌芽，5月下旬始花，9月下旬果实成熟，10月下旬落叶。

营养生长期较长，185天；果实发育期中等，120天。抗寒能力强，在年平均气温6.7℃，绝对最低气温－31.5℃条件下栽培，树体与花芽无冻害，果实可正常成熟。

2年生枝灰褐色；皮孔椭圆形，灰白色；1年生枝灰白色。叶片较小，卵圆形，深绿色，光滑无毛，长8.1厘米，宽8.4厘米；叶基楔形；羽状5～7裂，基部裂刻常深至中脉。花序梗密布长绒毛，雌蕊5，雄蕊20，花药粉红。种核小，百核重11.3克；种仁率较高，38.4%。

（二十六）'秋艳'

辽宁省沈阳市苏家屯区农林局等1987年从本地选出的农家品种，1991年通过市级鉴定，命名'秋艳'。主产辽宁沈阳地区。

果实小，椭圆形，纵径2.7厘米，横径2.3厘米，平均果重4.9克。果皮紫红色；果点小，黄白色，果面光洁；梗洼浅陷，有肉疣突起；萼片三角形，开张平展；萼筒圆锥形。果肉鲜红，甜酸适口，肉质松软；可食率较高，80.7%；不耐藏。百克鲜果可食部分含可溶性糖较高，10.9克；可滴定酸较低，1.9克；维生素C中等，60.2毫克。

树势中庸，17年生树高4.3米，冠径5.7米。萌芽率高，53.8%；成枝力中等，可发长枝3个。自交亲和力低，7.4%；自然授粉坐果率较低，25.8%；果枝连续结果能力中等。定植树2～3年开始结果，17年生树平均株产26千克。在辽宁沈阳地区，4月下旬萌芽，5月上旬始花，9月下旬果实成熟，10月中旬落叶。营养生长期中等，170天，果实发育期中等，120天。

2年生枝灰白色，稀有针刺；1年生枝黄棕色；皮孔椭圆形，黄白色。叶片中大，三角状卵形，长11.3厘米，宽9.8厘米，羽状5～7中裂，叶基宽楔形，叶尖渐尖，叶背无绒毛。花序梗稀有绒毛，花冠小，冠径17毫米，花药浅紫。种核5，小，百核重10克；种仁率极高，63%。$2n = 2X = 34$。

该品种抗寒，中熟，果实品质上，适于鲜食和加工，也是育种的宝贵材料。

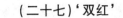

（二十七）'双红'

吉林九台、双阳等县市栽培的农家品种。1980年通过省级鉴定，命名'双红'。

果实较小，扁圆形；纵径1.9厘米，横径2.3厘米；平均果重5.0克。果皮鲜红色，光洁艳丽；果点小而密，黄白色；梗洼浅陷；萼片卵状披针形，开张反卷。果肉粉红，甜酸微苦，稍有异味，肉质细致密；可食率中等，79.2%；较耐贮藏，贮藏期60天。百克鲜果可食部分含可溶性糖低，4.35克，可滴定酸中等；2.7克，总黄酮极高，1.9克，维生素C中等，68.2毫克。

树高4米，冠径3.5~4米，树势中庸，树姿半开张。萌芽率较高，50%，成枝力弱。花序花数中等，19.8朵，自交亲和力很强，41.8%；花序坐果数多，7.8；定植树2~3年开始结果，初期结果树平均株产25千克，最高株产53千克。在吉林双阳地区，4月上旬萌芽，5月下旬始花，9月中下旬果实成熟，10月中旬落叶。营养生长期中等，190天；果实发育期中等，120天。

2年生枝铅灰色，稀有针刺；1年生枝棕褐色。叶片中大，卵圆形，长9.5厘米，宽8.0厘米，羽状5~7中裂，叶基宽楔形，叶尖渐尖，叶背多绒毛。花序梗密布长绒毛。花冠较小，冠径19毫米；雌蕊4~5；雄蕊20；花药粉红。$2n = 2X = 34$。

该品种抗寒，中熟，易早期丰产；果实艳丽，总黄酮极高。但果实有苦异味，不适于鲜食及加工，可入药。

（二十八）'歪把红'

山东平邑、费县、临沂、蒙阴等地均有少量栽培的农家品种，当地称为歪把红子，也称王村实生。

果实较小，近圆形；纵径2.3厘米，横径2.4厘米；平均果重6.6克。果皮鲜红色；果点小，灰白色；果面光洁；梗洼浅陷，梗基肉疣状肥大；萼片三角形，开张反卷。果肉绿白，甜酸微涩，肉质细软；可食率很高，84.3%；较耐贮藏。

树冠较紧凑，树姿半开张。萌芽率极高，65%；成枝力较弱；

枝条短粗，节间平均长度 2.3 厘米。自然授粉坐果率极高，65％；花序坐果数多，9.3 个；果枝连续结果能力强。定植树 4 年开始结果，10 年生树平均株产 28.5 千克。在辽宁葫芦岛地区，4 月上旬萌芽，5 月中旬始花，9 月下旬果实成熟，10 月中旬落叶。营养生长期较长，185 天；果实发育期中等，128 天。该品种树冠较紧凑，易早期丰产，果实品质中，可作为育种材料。

（二十九）'西丰红'

辽宁省农业科学院园艺研究所等 1979 年从西丰县成平乡栽培山楂中选出的农家品种，当地称紫里山楂。1982 年经辽宁省农作物品种审定委员会审定命名为'西丰红'。主产辽宁西丰、开原，分布于辽宁中部及河北省等地。

果实较大，方圆形；纵径 2.6 厘米，横径 2.8 厘米；平均果重 10 克，最大果重 14 克。果皮深红色；果点中大而密，黄白色；果肩部近方状；梗洼部近截形；萼片三角形，半开张反卷；萼筒漏斗形。果肉浅紫红，甜酸，肉质硬；可食率极高，85.9％；极耐贮藏，贮藏期可达 240 天。百克鲜果可食部分含可溶性糖较高，7.5～9.4 克；可滴定酸高，3.20 克；总黄酮 0.7 克；维生素 C 高，72.1 毫克。

树势强，萌芽率极高，65.9％；成枝力较强，可发长枝 3～4 个。花序花数中等，19 朵；自交亲和力极低，1.7％；自然授粉坐果率低，14.7％；花序座果数少，4.0；果枝连续结果能力强。定植树 4 年开始结果，13 年生树平均株产 20.5 千克，成龄树平均株产 50 千克左右。在辽宁铁岭地区，4 月中旬萌芽，5 月下旬始花，10 月上旬果实成熟，10 月中旬落叶。营养生长期长，185 天；果实发育期长，140 天。

树姿半开张；2 年生枝灰褐色，无针刺；1 年生枝紫褐色；皮孔中大，椭圆形，黄白色。叶片极大，广卵圆形，长 10.8 厘米，宽 10.2 厘米，叶背脉腋有髯毛，叶基宽楔形，叶尖渐尖。花序梗稀有毛，雌蕊 4～5，雄蕊 20，花药紫红。种核 4～5，中大，百核重 18 克；种仁率高，33％。$2n = 2X = 34$。

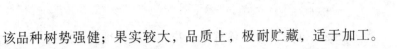

该品种树势强健；果实较大，品质上，极耐贮藏，适于加工。可在河北、北京、辽宁产区栽培。

（三十）'溪红'

沈阳农业大学等单位1986年从本溪市栽培的山楂中选出的农家品种，1994年经辽宁省农作物品种审定委员会审定命名为'溪红'，主产本溪市东部山区。

果实中大，近圆形；纵径2.4厘米，横径2.5厘米；平均果重9.0克。果皮大红色，果面光洁；果点中大，黄褐色；梗洼浅陷；萼片卵状披针形，残存开张；萼筒漏斗形。果肉粉红，甜酸，肉质硬；可食率极高，86.1%；耐贮藏，贮藏期160天以上。百克鲜果可食部分含可溶性糖高，10.5克；可滴定酸中等，2.7克；维生素C中等，52.9毫克。

树势强，12年生树高5.0米，冠径3.0~3.1米。萌芽率较高，50%；成枝力较强，可发长枝3~4个。自然授粉坐果率低，17.5%；花序坐果数少，3.0；母枝负荷量较低，82克；果枝连续结果能力较强。定植树3年开始结果，9年生树平均株产18.0千克。在本溪地区，4月中旬萌芽，5月下旬始花，10月上旬果实成熟，10月中旬落叶。营养生长期长，180天；果实发育期中等，125天。

树姿直立，树冠圆锥形。2年生枝灰褐色，无针刺；1年生枝棕褐色；皮孔椭圆形，灰白色。叶片较大，三角状卵形，长10.3厘米，宽9.1厘米，羽状深裂，叶基宽楔形，叶尖长突尖。雌蕊5，雄蕊20；种核4~5，中大，百核重27克；种仁率中等，23.1%。

该品种较抗寒，适应性强；果实品质上，耐贮藏，适于加工和鲜食。

（三十一）'兴隆实生'

河北省兴隆县林业局1978年在本县火山子乡发现的山楂自根优良品系，现已嫁接繁殖推广，主产兴隆中南部地区。

树高4~5米，树姿开张。3年生枝灰白色，无针刺。叶片中大，三角状卵形，长8.9厘米，宽9.6厘米，羽状深裂，叶基近圆形，叶尖长尾状渐尖，叶背稀有毛。花序梗密生绒毛；花冠中大，冠径25 毫米；雌蕊 4~5，雄蕊 20~23；花药紫红。果实大，近圆形；平均果重 7.9 克。果皮深红色；果点中大，黄褐色；梗洼浅陷，梗基部一侧有小肉疣突起；萼片三角状卵圆形，紫褐色，闭合反卷。果肉粉红，具有明显的绿色维管束，肉质硬，甜酸有果香；可食率很高，85.5%；耐贮藏，贮藏期 150 天以上。

树势中庸；萌芽率中等，42.9%；成枝力较强，可发长枝 3~4 个。花序花数中等，21.5 朵；自然授粉坐果率较低，34.6%；花序坐果数高，8.5；母枝负荷量中等，131 克；果枝连续结果能力中等，2/5~3/5。定植树 2~3 年开始结果，10 年生树平均株产 62.5 千克，最高株产 81.3 千克。在辽宁葫芦岛地区，4 月中旬萌芽，5 月中下旬始花，10 月上旬果实成熟，10 月下旬落叶。营养生长期长，200天；果实发育期长，138 天。

该品系结果早，丰产。果实品质上，耐贮藏，适于鲜食和加工利用。在河北、北京、辽宁产区有良好的发展前景。

(三十二)'兴隆紫肉'

河北省兴隆县林业局 1990 年从本地山楂资源中选出的优良株系，现已繁殖于当地栽培 8 万余株。

果实较小，扁圆形；纵径 2.3 厘米，横径 2.3 厘米；平均果重 6.7 克。果皮深紫红色；果点小而密，黄褐色；梗洼浅陷；萼片卵状披针形，开张反卷。果肉血红，味酸稍甜，肉质细硬，可食率高，81.2%；耐贮藏，贮藏期可达 210 天。百克鲜果可食部分含可溶性糖中等，9.0 克；可滴定酸很高，3.2 克；果胶高，4.6 克；维生素C 极高，91.5 毫克。

树势强；萌芽率高，57.3%；成枝力弱，一般发长枝 12 个。自然授粉坐果率中等，37.8%；花序坐果数较多，7.2 个；果枝连续结果能力中等。定植树 5 年开始结果；7 年生树平均株产 17 千克。在河北兴隆地区，4 月中旬萌芽，5 月中旬始花，10 月中旬果实成熟，11 月上旬落叶。营养生长期长，210 天；果实发育期长，130 天。

树高5米，树姿直立。2年生枝灰白色，无针刺；1年生铅灰色；皮孔较大，灰白色。叶片中大，广卵圆形，长8.8厘米，宽9.2厘米，羽状中裂或深裂，叶基宽楔形，叶尖渐尖，叶色深绿，叶背脉腋有髯毛。花梗密生短绒毛；花冠中大，冠径22毫米；雌蕊3~5，雄蕊20；花药紫红。种核3~5，多数4；种仁率极高，79%。$2n = 2X = 34$。

该品系果实的红色素极高，品质上，极耐贮藏，为红色加工制品珍贵的天然色素资源，也是育种的宝贵材料。

(三十三)'艳果红'

山西省绛县果品公司等1979年从本地陈沟乡东峪村栽培山楂中选出的农家品种，当地称为粉口红果，主产于山西省运城地区，数量200万株，年产最高1500吨。近年来，河南、陕西、河北等地有引种栽培。

果实中大，长圆形，纵径2.8厘米，横径2.6厘米，平均果重8.7克。果皮浅紫红色；果点中大，灰褐色；果面光洁，果肩部多棱状，果梗较短，梗洼稍深陷；萼片卵状披针形，开张反卷。果肉粉红，甜酸适口，肉细致密；可食率高，84.6%；较耐贮藏，贮藏期120天以上。百克鲜果可食部分含时溶性糖中等，8.4克；可滴定酸很高，3.4克；总黄酮0.6克；维生素C中等，62.7毫克。

树势中庸；萌芽率高，52.6%；成枝力强，可发长枝4~5个。花序花数中等，22朵；自交亲和力较强，28.4%；花序坐果数很多，9.2；定植树3年开始结果，15年生树株产150千克。在山西运城，3月中旬萌芽，5月上中旬始花，10月上旬果实成熟，11月中旬落叶。营养生长期很长，220天；果实发育期长，140天。该品种耐旱。

树姿开张；2年生枝灰白色，无针刺；1年生枝红褐色；皮孔菱形，灰白色。叶片很大，三角状卵圆形，羽状5~7裂，基裂刻深，中上部较浅，叶基截形，叶尖短突尖，叶背主脉和叶柄秋季呈浅红色。花冠较大，冠径28毫米；雌蕊5，雄蕊20，花药紫红。$2n =$

$2X = 34$。

该品种适应性强，耐旱，山地、丘陵地区均可栽培。果实品质上，适于鲜食和加工利用。可在中原区及临近地区栽培。

(三十四)'燕瓢红'

河北省北部栽培的农家品种，当地称为粉红肉、红口，1981 年通过省级鉴定命名为'燕瓢红'，主产河北保定、承德、秦皇岛等地。

果实中大，倒卵圆形，纵径 2.7 厘米，横径 2.8 厘米，平均果重 8.8 克。果皮深红色；果点中大，较密，黄褐色；果面有残毛；梗洼狭深；萼片三角状卵形，半开张或开张反卷。果肉粉红，甜酸，肉质细硬；可食率很高，85.1%；耐贮藏，贮藏期 180 天。百克鲜果可食部分含可溶性糖中等，8.23 克；可滴定酸很高，3.34 克；果胶 2.7 克；维生素 C 中等，61.7 毫克。

树高 5~6 米，冠径 6~7 米，树姿开张。萌芽率很高，54.8%；成枝力中等，可发长枝 3~4 个。花序花数中等，21 朵；自然授粉坐果率中等，27.7%；花序坐果数较多，9.5；果枝连续结果能力较强，3/5~4/5。定植树 3~4 年开始结果，成龄树株产 150.1 千克，最高株产 500.5 千克。在河北北部，4 月上旬萌芽，5 月下旬始花，10 月上旬果实成熟，10 月下旬落叶。营养生长期长，200 天；果实生育期中等，135 天。

2 年生枝黄褐或棕褐色；皮孔中大，椭圆形，灰白色；无针刺；1 年生枝红褐色，有光泽。叶片中大，广卵圆形，长 8.4 厘米，宽 8.7 厘米，叶基截形，叶尖渐尖，5~7 羽状深裂，一叶背脉腋有髯毛。花冠大，30 毫米；雌蕊 4~5，雄蕊 20，花药紫红。种核 4~5，中大，百核重 19 克；种仁率极低，3.0%。$2n = 2X = 34$。

该品种适应性强，较抗寒，较丰产；果实品质中上，适于加工和鲜食。为河北、北京、辽宁产区的主栽品种。

(三十五)'燕瓢青'

河北北部栽培的农家品种，当地称为青口、绿肉、铁楂，1981 年通过省级鉴定命名为'燕瓢青'，主产河北承德、秦皇岛、保定等地。

果实中大，倒卵圆形，纵径 2.7 厘米，横径 2.6 厘米，平均果重 8.1 克。果皮深红色；果点中大而密，圆形，黄褐色，显著突出果面；有残毛及蜡质光泽；梗洼隆起；萼片三角状卵形，紫红色，半开张或闭合反卷。果肉绿白，味酸稍甜，肉质较粗硬；可食率高，83.2%；耐贮藏，贮藏期 180 天以上。百克鲜果可食部分含可溶性糖很高，11.9 克；可滴定酸高，3.9 克；果胶 2.3 克；总黄酮 0.5 克；维生素 C 较高，74.9 毫克。

树高 5 米，冠径 5~6 米，树势强；萌芽率很高，55.6%；成枝力较强，可发长枝 3~4 个。花序花数较少，15 朵；自然授粉坐果率较强，32.5%；花序坐果数极高，9.5；果枝连续结果能力差，有大小年结果现象。定植树 4~5 年开始结果，成龄树株产 150 千克左右，最高株产 500 千克。在河北北部，4 月上旬萌芽，5 月下旬始花，10 月中旬果实成熟，11 月上旬落叶。营养生长期长，210 天；果实发育期长，140 天。

树姿开张，树冠自然半圆形。2 年生枝黄褐色，敷白粉；皮孔较大而密，椭圆形，灰白色；无针刺。叶片极大，卵圆形，长 11.0 厘米，宽 10.5 厘米，浓绿色，叶基截形，叶尖渐尖，6~9 羽状深裂，叶背叶脉上密生绒毛。花冠极大，冠径 30 毫米；雌蕊 4~5，雄蕊 20~24，花药紫红。种核 4~5，中大，百核重 20 克。$2n = 2X = 34$。

该品种适应性强，较抗寒，耐旱，丰产，但果实品质较差，稳产性差，有大小年结果现象。

（三十六）'豫北红'

河南技术师范学院选出的农家品种，1980 年命名为'豫北红'。主产豫北地区。分布于豫西、豫西南等地。

果实中大，近圆形；纵径 2.4 厘米，横径 2.5 厘米；平均果重 10.0 克。果皮大红色；果点较小，灰白色；果面光洁，敷果粉；梗洼浅陷，果肩部半球状；萼片三角状卵形，闭合或开张。果肉粉白，酸甜适口，肉质细，稍松软；可食率较高，80%；较耐贮藏，贮藏期 120 天以上。百克鲜果可食部分含可溶性糖极高，13.8 克；可滴定酸中等，2.3 克；总黄酮 0.7 克；维生素 C 较高，74.3 毫克。

树势中庸；树高 3~5 米。萌芽率较低，38.7%；成枝力中等，可发长枝 2~3 个。果枝连续结果能力较强。定植树 2~3 年开始结果，成龄树株产 100~150 千克，最高株产 500 千克。在豫北地区，3 月下旬萌芽，5 月上中旬始花，10 月初果实成熟，11 月中旬落叶。营养生长期很长，220 天；果实发育期长，140 天。

2 年生枝棕褐色，无针刺；1 年生枝，紫褐色。叶片中大，广卵圆形；长 10.5 厘米，宽 9.5 厘米；5~7 羽状中裂，叶基宽楔形，叶尖渐尖，叶面有短绒毛，叶背脉腋有髯毛。花序梗密布短绒毛。种核 4~5，种仁率较低，15%。$2n = 2X = 24$。

该品种树势中庸，结果早，丰产、稳产。果实品质中上，适于鲜食和加工利用。为中原产区的主栽品种。

(三十七)'泽州红'

山西省晋城市选出的农家品种，当地称为陈沟红果、柏杨坪红果，1985 年通过省级鉴定命名为'泽州红'。主产山西晋东南地区。

果实中大，近圆形；纵径 2.6 厘米，横径 2.9 厘米；平均果重 8.7 克；最大果重 13.5 克。果皮阳面朱红色，阴面大红色；果点中大，黄褐色，稍突起；果面光洁，敷蜡质及果粉。梗洼隆起，果肩部半球状，萼片半开张或开张反卷。果肉粉白，近核及近果皮部分粉红色，酸甜清香，肉细致密；可食率很高，83.7%；较耐贮藏，贮藏期 100 天左右。百克鲜果可食部分含可溶性糖极高，10.2 克；可滴定酸极高，4.1 克；总黄酮 0.4 克；维生素 C 极高，36.0 毫克。

树姿开张，树冠自然半圆形。树势中庸；萌芽率中等，50%；成枝力中等，可发长枝 3~4 个。花序花数中等，22 朵；花序坐果数中等；果枝连续结果能力较强。定植树 3~4 年开始结果；30 年生树株产 100~150 千克。在晋东南地区，3 月下旬萌芽，5 月中旬始花，10 月上旬果实成熟，11 月上旬落叶。营养生长期很长，210 天；果实发育期长，145 天。2 年生枝灰白色，无针刺；皮孔长圆形或椭圆形，灰白色。叶片很大，三角状卵圆形；长9.8厘米，宽10.0厘米；5~7羽状中裂，叶背脉腋有髯毛，叶基截形，叶尖渐尖。花冠中大，冠径25毫米；雌蕊4~5，雄蕊20，花药紫红。种核4~5，种仁率低，10%~20%。$2n=2X=34$。

该品种适应性强，耐旱，结果早；丰产、稳产。果实品质上，适于鲜食和加工利用，为中原产区的主栽品种。

(三十八)'泽州红肉'

山西省晋城市郊区栽培的农家品种。主严晋城市郊区，分布于陵川、沁水、阳城等地。

果实较大，近圆形；平均果重11.1克。果皮大红色；果点中大，黄褐色；梗洼截状，梗基部肉疣状肥大；萼片三角形，闭合反卷。果肉粉红或浅紫红；甜酸有果香；肉质致密，可食率很高，85.5%；较耐贮藏，贮藏期100天左右。

树势中庸；萌芽率中等，45.3%；成枝力较强，可发长枝3~4个。花序花数中等，19.4朵；自然授粉坐果率中等，32.2%；花序坐果数中等，6.9；母枝负荷量中等，137克；果枝连续结果能力中等。定植树3~4年开始结果，成龄树平均株产60千克，最高株产89千克。在辽宁葫芦岛地区，4月中旬萌芽，5月下旬始花，10月上旬果实成熟，10月下旬落叶。营养生长期长，195天；果实发育期长，140天。

树高4~5米；2年生枝铅灰色，无针刺。叶片中大，三角状卵形；长8~10厘米，宽9.1厘米；羽状深裂；叶基截形或近圆形；叶尖长突尖；叶背稀有毛。花序梗密生绒毛；花冠较大，冠径26毫米；雌蕊5，雄蕊20；花药紫红。种核4~5，极大，百核重35克；无种仁。该品种适应性强，耐旱，丰产、稳产。果实品质中上，适于鲜食和加工利用。很有发展前途。

(三十九)'紫珍珠'

河北省涞水县林业局等1979年在本县发现的农家品种。目前仅在涞水县蛟龙口村、涞源县上板庄木庄村有少量栽培。

果实较大，方圆形或倒卵圆形；纵径2.6厘米，横径2.7厘米；平均果重9.4克。果皮紫红色；果点较小，金黄色；果面光洁，具蜡质，敷白粉，并有残毛。梗洼狭深，梗基一侧具虹色小肉疣；果肩部半球状；萼片三角状卵圆形，紫红色，半开张或闭合反卷。果肉浅紫红，甜酸适口，肉细质脆；可食率极高，87%；较耐贮藏，贮藏期180天以上。百克鲜果可食部分含可溶性糖极高，13.3克；可滴定酸极高，4.1克；果胶2.4克；维生素C较高，71.5毫克。

树高6米，冠径5.5~6米。树势中庸，萌芽率极高，62.6%；成枝力弱，一般发长枝12个。花序花数较少，17朵。定植树3~4年开始结果。在河北省涞水县，4月上中旬萌芽，5月中旬始花，10月中下旬果实成熟，11月上旬落叶。营养生长期长，210天；果实发育期长，140天。

树姿半开张，2年生枝灰褐色；皮孔稀，黄白色，无针刺。叶片中大，广卵圆形，长8.4厘米，宽8.3厘米，6~8羽状中裂，叶面脉上密生绒毛，叶背无毛，叶基截形，叶尖渐尖。花冠中大，26厘米；雌蕊4~5；雄蕊20~23；花药紫红。$2n=2X=34$。

该品种树势中庸，果实品质上，适于鲜食和加工利用。

(四十)'大绵球'

山东省临沂、费县、平邑等地栽培的农家品种。

果实较大，扁圆形；纵径2.5厘米，横径2.8厘米；平均果重10.5克，最大果重18.4克。果皮橙红色；果点较大，灰褐色，稍突出果面；梗洼浅陷，果肩部呈明显的多棱状，萼部呈条棱状隆起，萼片三角形，闭合或半开张反卷，萼筒小，圆锥形。果肉橙黄或浅黄，甜酸适口，肉质较松软；可食率极高，85.1%；贮藏期90天左右。百克鲜果可食部分含可溶性糖中等，7.0~9.3克；可滴定酸较高，2.2~3.9克；果胶2.0克；淀粉1.7克；维生素C中等，50.5~68.3毫克；胡萝卜素0.7毫克。

树高4~5米，冠径4~5米。树势中等；萌芽率中等，45.3%；成枝力中等，可发长枝2~3个。中、长枝成花能力强，果枝长势强；花序花数中等，18 朵；自交亲和力很低，4.3%；自然授粉坐果率很高，58.2%；花序坐果数极高，10 个；母枝负荷量高，166 克；果枝连续结果能力强。定植树 3~4 年开始结果；初期结果树平均株产 50.2 千克。在北京地区，3 月下旬萌芽，5 月初始花，9 月下旬果实成熟，10 月末落叶。营养生长期较长，210 天；果实发育期中等，130 天。

2 年生枝灰褐色，无针刺；1 年生枝红褐色；皮孔椭圆形，灰白色。叶片大，广卵圆形，长 11.1 厘米，宽 9.9 厘米，羽状浅裂或中裂，叶基宽楔形，叶尖短突尖。花冠较大，冠径 26 毫米，雌蕊 4~5，雄蕊 20，花药粉红。种核 3~5，中大，百核重 20 克；种仁率极高，61%。

该品种丰产、稳产，果实中熟，果实品质上，适于鲜食和加工利用。试验证明，加工果脯、果茶色香味型俱佳。为鲁中山地和北京等地主栽品种。

（四十一）'甜红'

山东省平邑县农业局选出，称为甜红子。经繁殖推广，1990 年鉴定命名为'甜红'。

果实较大，近圆形；纵径 1.9 厘米，横径 2.2 厘米；平均果重 10.2 克。果皮橙红色；果面平滑光洁；果点小而稀，黄白色；梗洼浅陷；果肩部半球状；萼片三角形，开张平展；萼筒小，圆锥形。果肉橙黄；酸甜适口；有清香；肉细致密；可食率极高，91.2%；较耐贮藏，常温下可贮藏 90 天左右。百克鲜果可食部分含可溶性糖较高，10.7 克；可滴定酸低，1.5 克；蛋白质 0.6 克；总黄酮 0.5 克；维生素 C 低，37.4 毫克；矿质元素 149.9 毫克。

树高 4.5~5.2 米，冠径 6~7 米。树姿半开张，树冠圆锥形。树势中庸；萌芽率较高，50.3%；成枝力中等，可发长枝 2~3 个。花序坐果数多，8.0 个；果枝连续结果能力强。定植树 4 年开始结果，成龄树株产 160 千克，最高株产 272 千克。在山东省平邑地区，4 月上旬萌芽，5 月上旬始花，9 月下旬果实成熟，11 月中旬落叶。营养生长期长，210 天；果实发育期长，145 天。

2 年生枝灰褐色，1 年生枝紫褐色；皮孔中大，近圆形，黄白色。叶片极大，广卵圆形，长 11.5 厘米，宽 11.0 厘米，5~7 羽状中裂，叶背脉上有短绒毛，叶基近圆形，叶尖短突尖。花序花数中等，22 朵；自然授粉坐果率中等，34.2%；花冠中大，冠径 24 毫米，雌蕊 4~5，雄蕊 20~22，花药粉红。种核 4~5，中大，百核重 26 克；种仁率极高，70%。该品种适应性强，抗旱。果实酸甜适口，有清香，是鲜食的优良品种。

（四十二）'雾灵红'

河北省兴隆县林业局选出的优良品系，主产河北省兴隆、昌黎等地。

果实大，扁圆形，纵径 2.7 厘米，横径 3.2 厘米，平均果重 11.7 克。果皮深橙红色；果点较小，黄褐色；果面光洁，具蜡质；梗洼中深，果肩部半球状，萼部呈皱褶状棱起；萼片三角形，开张反卷；萼筒小，近圆形。果肉橙红，甜酸适口，肉质细，致密；可食率高，82.6%；较耐贮藏，贮藏期 150 天左右。百克鲜果可食部分含可溶性糖高，10.2 克；可滴定酸很高，3.7 克；果胶 2.6 克；维生素 C 极高，90.6 毫克。

树势强；萌芽率高，57%；成枝力强，可发长枝 3~4 个。自然授粉花朵坐果率中等，38%；花序坐果数多，8.5 个；果枝连续结果能力强，3/5~4/5。定植树 4 年开始结果；7 年生树平均株产 26.3 千克。在河北省兴隆县，3 月下旬萌芽，5 月上旬始花，9 月末果实成熟，10 月中下旬落叶。营养生长期长，210 天；果实发育期较长，135 天。

树姿半开张，2 年生枝灰白或灰褐色；皮孔稀疏，菱形，灰白色；1 年生枝红褐色，基部残生绒毛。叶片很大，菱形，长 10.0 厘米，宽 10.1 厘米，灰绿色，叶基宽楔形，叶尖渐尖，7~9 羽状浅裂。种核 4~5，中大，百核重 20 克；种仁率极高，88%。$2n = 3X = 51$。

该品种树势强，坐果率高果实大，品质上，适于鲜食和加工利用。加工的各种制品色香味俱佳，为山楂之珍品。适于河北、北京、辽宁产区发展。

（四十三）'旱红'

山东省平邑、费县等地栽培的农家品种。

果实较大，倒卵圆形；平均果重 10.5 克。果皮橙红色；果点小，黄褐色；梗洼隆起，梗基呈肉疣状肥大；萼片三角形，闭合反卷。果肉粉红，甜酸有果香，肉质细；致密；可食率极高，86%；较耐贮藏，贮藏期 120 天。百克鲜果可食部分含可溶性糖高，10.9克；可滴定酸高，3.5 克；维生素 C 较高，75.8 毫克。

树冠圆锥形，树姿半开张。树势中庸；萌芽率中等，43.5%，成枝力中等，可发长枝 2~3 个。花序花数较多，24.5 朵；自然授粉坐果率很低，12.2%；花序坐果数少，3.4 个；果枝连续结果能力中等。定植树 3 年开始结果；5 年生树株产 6 千克；10 年生树株产43.5 千克。在辽宁省葫芦岛地区，4 月上中旬萌芽，5 月下旬始花，9 月末果实成熟，10 月下旬落叶。营养生长期较长，200 天；果实发育期较长，130 天。

2 年生枝灰褐色；1 年生枝红褐色。叶片较小，三角状卵形，长8.6 厘米，宽 8.6 厘米，羽状深裂，叶基宽楔形，叶尖长突尖，叶背叶脉上密生短绒毛。花序梗有短绒毛；花冠中大，冠径 25 毫米；雌蕊 4~5，雄蕊 20，花药紫红。种核 4~5，中大，百核重 26 克；种仁率低，10%。

该品种中熟，果实品质上，适于鲜食和加工利用。

第三章

山楂的生物学特性

一、山楂的适应性

(一)对光照的需求

光照时间长短、光的强弱等直接决定着山楂树的产量高低和质量好坏。山楂属于比较耐阴的果树，同时也是喜光的树种，山楂的喜光特性与山楂的枝条生长特性有密切关系。由于山楂分枝力强，成年树树冠表面枝条密集使冠内光照恶化，而使枝叶、花果都集中到树冠的表面上，有效结果层的厚度有时只有50~60厘米。

生产中应十分注意山楂枝叶密度大的特点。通过整形修剪及时调节，使树冠各部位保持良好的光照条件。光照时间和光照强度是影响山楂生产的主要光照因素。

光照时间。山楂树每天利用光能达到7小时以上的，结果最多；5~7小时的结果良好；3~5小时的基本不能坐果；每天直射光小于3小时的则不能坐果或坐果极少。

光照强度。在山楂幼树密植园中观察，当地面光照强度低于全日照的10%时，表明山楂园的枝叶密度已达到高限，应通过疏枝、间伐，改善果园光照条件：山楂枝叶分布层的光照强度不应低于全日照的20%。除利用光照强度作为监测指标外，枝条粗度、叶片厚度、色泽，尤其坐果率可作为山楂园枝叶密度光照强度的监测指数。枝条粗度一般应在0.3厘米以上，每个花序坐果数应在4个以上；果枝纤细，直径在0.3厘米以下，每个花序少坐1~2个果或不坐果，即表示山楂枝叶过密，光照不足，应注意改善光照。随着光照的加

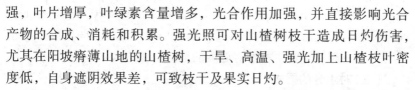

强，叶片增厚，叶绿素含量增多，光合作用加强，并直接影响光合产物的合成、消耗和积累。强光照可对山楂树枝干造成日灼伤害，尤其在阳坡瘠薄山地的山楂树，干旱、高温、强光加上山楂枝叶密度低，自身遮阴效果差，可致枝干及果实日灼。

在山楂生产中，若栽植密度不够，则光能利用不充分，会影响山楂单位面积产量提高及大树枝干密集、光照不良、产量低、品质差的问题同时存在。

（二）对温度的需求

温度是山楂生存和生长发育的关键条件，它影响着山楂种类、品种的地理分布和各生长发育环节的进程，温度的高低和积温量的多少，对山楂的生长发育有着直接的影响。

温度的高低对山楂生长发育的影响。山楂是需温较低、较耐寒的果树，温度要求一般在年平均气温6~15℃，≥10℃年积温为2800~3100℃以上，绝对最低温为-34℃以上的地区生长良好；有些耐寒品种可以在年平均气温2.5℃，≥10℃年积温为2300℃以上，绝对低温为-41.2℃的地区生长发育。不同地区温度不同，栽植的品种不同，受温度影响程度也不同。我国山楂主要产区的年平均气温为4.7~15.6℃，各地栽培区因地理位置不同，年平均气温也各有不同。由于各山楂产区的年平均气温有差异，所以各地山楂物候期也有较大区别，尤其是花期早晚差别较大，但果实采收期基本一致。

山楂各个器官生长发育受到温度影响较大，山楂根系生长起始温度为6~6.5℃，冬季地温降至6℃以下根系停止生长；日平均气温5.0~5.5℃时开始展叶。山楂开花期气温高低与花期长短密切相关，气温高则花期短，气温低则花期长。

不同品种山楂果实成熟期气温与果实贮藏性有关。早熟品种果实成熟时气温较高，多不耐贮；晚熟品种采收进气温下降耐藏性较强。山楂贮藏温度为-5~5℃，一般以0℃为宜，温度降至-4~2℃不发生冻害。山楂贮藏前期、后期多因果堆温度偏高而致热伤害。

积温对山楂生长发育的影响。各地的不同品种对积温要求不同，最低为2000℃，最高为7000℃，年生育期为180~220天，萌芽抽枝所需日平均气温为13℃，果实发育需日平均气温为20~28℃，最适温度为25~27℃。野生类型对温度的适应范围更大。

（三）对水分的需求

山楂较耐旱，适应性强，有些干旱地区，苹果、梨不能栽种，山楂则生长良好。但是干旱却会严重影响果实的生长发育，使果个变小，落果严重，产量降低。山楂生长前期遇到干旱，会出现大批落花落果，特别干旱时甚至会引起树体死亡。土壤含水量在9.3%时，为山楂安全含水量；含水量在7.9%时，树体发生萎蔫；致死湿度为5.8%。一般认为，适宜山楂生长结实的土壤相对含水量为60%~80%。

山楂园可耐短期积水，但地下水位过高或长期积水可致山楂树发生涝害而死亡。受害严重的果树叶片变黄，早期落叶，翌年春季不发芽，根系全部坏死、变褐；受害较轻的翌年春能发芽抽枝开花，但叶片小而薄，叶片发黄，叶片边缘局部坏死呈褐色，一层根系坏死。因而低洼易涝、土壤黏重的山楂园，应注意排水防涝。

（四）对土壤和地势的需求

土层深厚、排水良好的中性或微酸性沙壤土为生长发育良好的山楂最适宜的生长条件。黏壤土、通气状况不良时，根系分布较浅，树势发育不良；在山岭薄地，山楂树根系不发达，树体矮小，枝条纤细，结果少；涝洼地易积水，山楂树易发生涝害、病害，根系也浅；山楂树在盐碱地则易发生黄叶病等缺素症。

地势对山楂的生长、产量和品质也有一定的影响。一般来说，山坡地山楂果实品质优良，果肉质地细密，风味浓郁，果面洁净，耐贮存；河滩地果实质地松，果肉粗，色泽暗，不耐贮藏。而在同一山区，通常背阴坡的山楂优于阳坡。其原因主要是：背阴地土壤墒情好，由于各主产区阳坡光照充足、温度高、水分蒸发量大、植被覆盖率较低，所以沙土流失严重，造成缺水少土的不良条件；二是土层深厚，土壤营养状况较好；三是生长季气温较低，枝干日灼病较轻，实际选择建园时，半阴坡、阴坡及半阳坡均可选用，山的坡度以25℃以内为宜。在北方山区，山楂园海拔高度一般在500米以下，500米以上虽温度适应，但坡陡、土层薄，管理也不方便。山楂具有一定的耐瘠薄的能力，但在土层深厚和土质肥沃的土地上生长和结果则更好些。

二、山楂的根系

（一）山楂根系分布

栽培山楂多为嫁接繁殖，根系因其砧木类型不同发达程度不同；不同的立地条件，根系的发育和分布特性也不同。一般条件下，根系的垂直分布多集中于地表下20~60厘米，在高温干旱的沙壤土中，根系的垂直分布可以深入地表下2~3米。山楂根系的水平分布一般可以超过冠径的2~4倍，其吸收根系最集中的部分，主要是树冠垂直投影边缘的内外。采用野生山楂繁殖的砧木根系分布较浅，范围也较小，而采用栽培山楂的种子实生繁殖砧木根系比较发达。用种子实生繁殖的根系，表现为主根发育较发达，垂直分布较深，水平分布范围相对较小，而采用归圃育苗和埋根育苗法培育的苗木，作为砧木使用时，其根系水平分布较广，垂直分布较浅。

根系的分布受树龄的影响，随树龄的增长而加深。有调查发现，幼树根系垂直分布较浅，初果期、盛果期的树较深。山楂树4龄前，根系主要垂直分布在40厘米土层以内，初果期和盛果期的根系则主要集中在20~60厘米土层中，分别占总根量的77.9%和82.5%。

根系的分布受树体所生长的立地条件的影响。土层深厚的平原地区，根系分布较广，垂直分布也较深；地下水位超高，根系的水平分布越远，而垂直分布则较浅。在土层浅薄的山区，根系的分布情况比较复杂，根可依土层状况产生较强的自我调节能力。

根系的分布与栽培管理措施也有很大的关系。土壤经常进行翻耕和施肥的，根系的分布广且较深，否则根系浅。

（二）山楂根系生长

只要环境条件能满足山楂根系的生长要求，可以周年生长，但随着季节变化而变化。山楂根系在大部分栽培区没有自然休眠，每年随土壤温度、湿度和地上部分生长发育而变化。一般表现为土壤温度为15~20℃时，根系生长旺盛，低于5℃或者高于20℃时生长缓慢。

山楂实生苗幼苗根系生长最快，垂直生长速度常超过地上部，但须根不发达，水平根生长加快。盛果期水平根的幅度已达最大限度，根系不再向外延伸。衰老期的树随树冠的缩小，骨干根也随之衰弱，根系水平分布范围也显著缩小。

山楂根系具有较强的再生能力，根部在自然状态下常发生大量的根蘖苗。5米冠幅的树下甚至可长出300~500个根蘖苗，分布较浅的根系，更易发生根蘖苗。距土表5~10厘米的根系发生根蘖苗较多；直径在0.2~0.3厘米粗的根发生根蘖苗的能力最强。可以利用根蘖苗进行育苗。

三、山楂的芽、枝、叶

（一）山楂芽

1. 芽的类别和形态

依据着生部位，山楂树上的芽可分为顶芽和侧芽。由营养枝顶端生长点分化而成的芽为顶芽，也叫真顶芽。山楂树只有营养枝才具有顶芽，结果枝顶端为花序。在花序以下着生的芽，采果后也位于枝条顶端，但因它是由侧芽生长点分化而成的，所以被称为假顶芽，也叫第一侧芽。着生在枝条侧方的芽称为侧芽。山楂枝条的侧芽随着枝条的加长生长逐渐形成，侧芽的质量差异较大。同一棵树近顶端的1~4个侧芽往往比较饱满，依次向下芽体渐小，略长而尖，枝条下部还有若干芽不能萌发。具有假顶芽的枝条，近顶端只有1~2个芽为饱满芽，越向下质量差异越大。山楂幼树和强旺树，中上部的芽饱满，成枝能力强，下部的芽质量差，芽体小；结果树上部芽成花力强。

按芽的性质分，山楂枝条上的芽可分为叶芽、花芽和隐芽。

（1）叶芽

即山楂树上的芽萌发后长成枝叶的芽。叶芽个体较小，略长而尖，多数着生在枝条的中下部，上部较少。叶芽内具有叶、枝的原始体，是一个极短缩的营养枝，萌发后只抽生不同类型的营养枝。

（2）花芽

为混合芽，芽体肥大，先端钝圆，通常有 15 ~ 18 枚鳞片包被，第二年抽生结果新梢，花序着生于新梢顶端，为伞房花序。发育充实的果枝，除顶花芽外，其下还有 1 ~ 2 个侧花芽。侧花芽钝圆形，其体积大于叶芽，小于顶花芽。侧花芽的数量，与枝条的长度有关：长度为 25 ~ 30 厘米的枝条，在顶花芽以下，还可形成 2 ~ 3 个侧花芽；长达 50 ~ 60 厘米的枝条，可形成 8 ~ 12 个侧花芽；而长达 1 米左右的枝条，所形成花芽的数量，又有所减少。山楂的混合花芽，春季萌发后，先抽生结果新梢，经 3 ~ 4 天后，在新梢的顶端露出花序，约 10 天后，花梗分离，约 15 天后，进入开花期。每个花序的花朵数量，因品种、枝条质量、花芽着生位置以及在分化过程中，树体营养状况的不同，而有较大差异。一般野生型的品种多于栽培品种；壮枝和外围枝多于弱枝和内膛枝；顶花芽多于侧花芽。在栽培品种间，每一花序的花朵数量也不相同：白瓤绵山楂，平均每个花序有 16 朵花，最多达 62 朵，畸形花序中的花朵数，有的高达 128 朵。每个花序中，花朵数量的多少，也与修剪密切相关。在修剪细致、花量适宜的树上，由于营养集中，无效消耗少，花芽质量好，花序中的花朵数量也多；修剪粗放或不修剪的树，由于营养分散，花朵数量少，质量差，坐果率也低。

（3）隐芽

山楂枝条基部的叶芽，当年常不萌发，多呈潜伏状态，称之为隐芽。山楂隐芽寿命很长，多年甚至十多年仍有萌发能力。山楂隐芽芽体很小而干瘪，当重短截或受到其他原因的刺激时，则萌发成营养枝且常为徒长枝。

2. 花芽分化

山楂的花芽分化共分为芽原始体、芽鳞片的分化、雏梢的形成、花序分化、花原始体分化、萼片分化、花瓣分化、雄蕊分化和雌蕊分化等时期。

芽原始体的出现。不同部位芽原始体的出现时期不同。顶芽的原始体一般在芽的雏梢时期已形成；侧芽的原始体是在芽萌发后，随着新梢的生长，在其叶腋陆续出现。

鳞片分化。萌芽后随新梢的生长，顶芽原始体周围开始分化鳞片，鳞片形成时间 35~45 天。

雏梢形成。鳞片形成以后，约 60 天，侧芽原始体生长点的两侧开始出现叶的原始体和芽内雏梢。雏梢形成后，芽的继续分化有质的变化。当营养、激素等达到一定水平时，该芽才可形成花芽；条件不适宜时则分化成叶芽。

花序分化。当雏梢形成 6~11 节时，具备条件的雏梢，其顶端生长点显著增厚，向上突呈高半球的便是花序的生长点。花序的生长点进一步分化，其表面呈现几个突起，这就是顶生花序和侧生花序的生长点。这个时期，果实开始着色。

花蕾分化。顶生和侧生花序生长点继续发育，便自下而上形成一个个花蕾，原始体的左右着生两个苞片。多数山楂品种的花芽分化常在此期转入越冬状态。

萼片分化。花蕾原始体出现后，逐渐变平，在其四周出现 5 个突起，便是萼片的原始体。

花瓣分化。在萼片原始体的内侧出现的突起是花瓣原始体。

雄蕊分化。在花瓣原基内侧出现的两轮若干个突起是雄蕊原始体。

雌蕊分化。在雄蕊原基内侧中部出现的突起是雌蕊原始体。

山楂花芽分化具有的特殊性：花芽分化开始晚；翌春分化进展迅速。山楂花芽分化需要营养物质时期与其他生长发育需营养较多的时期可相互错开。

（二）山楂枝

山楂树的各类枝条的长势及转化，都直接影响树体的生长发育状况。山楂枝按年龄分，可分为当年新梢、1 年生枝、2 年生枝和多年生枝。按性质可分为营养枝、结果枝、结果母枝、叶丛枝和徒长枝。

营养枝，是只具有叶芽的枝条。按长度可分为以下类型：1 厘米以下的为叶丛枝；1～5 厘米的为短枝；5.1～15.0 厘米的为中枝；15.1～30.0 厘米的为长枝；30 厘米以上的为长旺枝。幼旺树上长营养枝生长时间较长，生长高峰一般在 6 月中旬至 8 月下旬，有明显的二次生长。发育健壮的顶芽及其以下的 1～4 个侧芽，当年均有可能形成花芽，第二年抽生成结果新梢，然后开花结果。一个营养枝最多可抽生 8～12 个结果新梢。成年树的营养枝一般没有抽生二次枝的习性，其长枝和中枝充实饱满、节间较短，表皮颜色较浅。营养枝的主要作用是为树体积累营养和形成花芽，然后转化成结果母枝，为翌年的生长和结果打下基础。

结果枝，是由花芽萌发，当年能开花结果的枝。结果枝的长度比较稳定，一般长度为 8～12 厘米，具有 9～13 节间，节间较短，枝条的粗度对结果影响很大。枝条基部直径在 0.4 厘米以上者，结果率及坐果率较高，每枝上可以结果 10 个左右。当年结果后其果台以下又可以形成 1 个或数个花芽，翌年继续抽生结果新梢而开花结果，可以持续多年。山楂的结果枝共有长果枝、中果枝、短果枝、长梢腋花芽果枝、中梢腋花芽果枝和花序结果枝等类型。

长果枝一般具有顶花芽，是长度在 12 厘米以上的结果枝；中果枝是长度为 8～12 厘米的结果枝；短果枝是长度为 8 厘米以下的结果枝。长、中梢腋花果枝是在长梢和中梢上形成的腋花芽，这种花芽也可结果。花序结果枝是在花序以下形成的 1～2 个混合芽。结果枝质量的好坏，影响坐果率和产量。生产中按结果枝生长发育状况可分为 3 类：一类结果枝。枝条长度在 12 厘米以上，直径在 0.5 厘米以上，顶端具有 2 个以上的饱满混合花芽。二类结果枝。枝条长度为 8～12 厘米，直径在 0.4～0.5 厘米，顶端具有 1～2 个饱满的混合花芽。三类结果枝。枝条长度在 8 厘米以下，直径在 0.4 厘米以下，顶端只有 1 个混合花芽。在正常栽培管理条件下，1～3 年生果枝的结实力强，4 年生以后的结实能力逐年下降。

凡在当年抽枝结果的新梢，统称为结果新梢。结果新梢的长度多为 8～12 厘米，最长可达 17 厘米以上。幼旺树、结果少的树、营养状况好的结果新梢，长度多在 15 厘米左右；成年树、营养状况较差的树，结果新梢的长度一般较短，多在 8～10 厘米；老树和营养条件差的树，结果新梢的长度多在 8 厘米以下。

结果母枝，是着生结果新梢的枝条。山楂的结果母枝可以分为具有真顶芽的结果母枝和具有假顶芽的结果母枝。真顶芽的结果母枝是由上一年的营养枝转化成的，其长度一般为 0.4～100 厘米，其顶芽一定是花芽，其下的侧芽大多数也是花芽，可以抽生成当年的结果新梢。而假顶芽的结果母枝长度一般为 3～15 厘米，在枝顶端的 1～3 个芽是花芽。因此，具有假顶芽的结果母枝没有具有真顶芽的结果母枝结果能力强。结果母枝根据长度可以分为短结果母枝、中结果母枝、长结果母枝。长度为 5～15 厘米的中结果母枝，直径达到 0.4～0.8 厘米，结果能力最强，坐果率最高，连续结果年限长，一般可以达到 4～5 年。

叶丛枝是山楂树上的一种短缩枝，2 年生枝或多年生枝上着生的枝，其叶片呈莲座状，可见一个明显的顶芽，但没有明显的节间。其叶片的多少决定了叶丛枝的质量，7 片叶以上的叶丛枝芽体大而饱满，其有可能转化成花芽，而其他的叶丛枝不易形成花芽。叶丛枝多，特别是劣等、中等的叶丛枝较多，是树体衰弱的标志之一，可以通过修剪减少叶丛枝。

徒长枝是骨干枝或树膛等部位的潜伏芽受到刺激后而萌发出来的枝条。一般表现为长势旺盛、直立性强、节间较细、芽不饱满。如果树冠完整，内膛充实，就及早剪除，防止与营养枝等争夺营养；如骨干枝缺损或内膛不充实，可培养和利用这类枝条，弥补空间，扩大枝叶面积，帮助复壮树体。

山楂树冠内各类类型枝条的比例，直接影响到树势的强弱和结果能力。成年树营养枝和结果枝的比例一般为3:1，树势较强，枝类比例变化可以随着品种、树势、树龄及栽培技术管理进行适当的调整。如当山楂树从幼龄期到初果期、盛果期，随着树龄的增长，营养枝上的比例逐渐下降，而结果枝量逐渐提高，这有助于增长。从盛果期到衰老期，营养枝的数量开始逐渐加大，有助于树体的复壮，这些主要通过修剪进行调节。一般来说，长度在5~30厘米的营养枝，当年多数都可形成花芽，第二年在上面抽生新梢开花结果；长度在30厘米以上的营养枝，在自然状态下，当年多数不能形成花芽，第二年则在其上分生出长为5~20厘米的营养枝，这些营养枝可形成花芽，到第三年才能开花结果。营养枝越旺盛，其转化成结果枝的时间越长，而长势过弱的营养枝也较难转化成结果枝。结果枝经过数年的连续结果后，自身的营养水平逐渐降低，当降低到一定水平后就不再形成花芽，便由结果枝转化成营养枝了。但是通过修剪更新复壮，又能恢复其结果能力，再次转化成结果枝。

山楂枝的生长表现为加长生长和加粗生长，其发育状态受很多方面的因素限制。成年树的发育枝在萌芽后逐渐加快生长，进入生长高峰期，速长期为10天左右，然后进入缓慢生长期，一般为10~15天，到盛花期停止加长生长。而幼树枝条的生长期一般比成年树的生长期长。

(三)山楂叶

山楂树的叶由叶片、叶柄和托叶三部分组成。山楂的叶柄多数不超过其叶片的长度，托叶着生在叶柄的基部两侧。若枝条长势弱，则托叶长势弱，脱落早。因此，托叶的有无和大小是枝条长势和树势强弱的主要标志之一。山楂树的叶片多呈广卵形、三角状卵形，叶正面革质化较强，光亮、深绿色，而叶背面颜色为浅绿色，有较多绒毛，叶尖多为渐尖型，叶基多为宽楔形或截形，叶片多数有不同程度的分裂，一般为奇数分裂，左右基本对称；多数基部裂刻较深，这种裂刻的深浅和裂片的形状可以作为不同山楂种类分类的依据。叶缘为不同形状的锯齿，锯齿的形状和稀密程度也是分类的依据之一。

同一枝条上的叶子长的位置不同，其大小和形状也不同，而叶片的质量在很大程度上决定了树的结果能力和产量。基部的叶子一般最小，向上依次变大，到一定部位后叶片又开始变小。

叶片的生长。无论是营养枝还是结果枝上的叶，其原始体在芽内雏梢上就已经形成了。芽萌发后，随着枝条的加长生长，叶片便自下而上生长、成熟、脱落。山楂树的叶片一般在 8 月中旬就全部结束生长，旺盛生长期为 5 月中旬到下旬，营养枝叶片形成时间较长，大约 100 天，而结果枝 75 天左右就可以全部形成了。

单叶面积的形成。一个枝条单叶面积形成得快，有利于营养的积累，容易转化成结果枝，相反则不易形成结果枝。

叶幕，是树冠叶面积总量的反映。山楂树的叶幕单位在自然状态下以成层分布为主，其厚度以 0.5 米左右为宜，便于通风透光。随着新梢的生长，山楂树叶片数量也在增加，全树的叶幕逐渐形成，一般在盛果期山楂树落花后，大多数枝条不再生长的时候，全树叶幕就基本形成。

四、山楂的花、果实、种子

（一）山楂的花

山楂花以伞房花序为主，同时也具有半伞形和复伞房的排列方式，有的还有副花序。山楂的花为子房下位的两性花。个别品种有花粉败育现象。山楂花根据花朵在花序上的不同着生状态，可分为一歧花、二歧花和三歧花。在同一花序内，三歧花的多少与副花序的有无，直接影响该花序中花朵的数量。通常每个花序有 5~40 朵，多为 15~25 朵，因此，一个花序内副花序的有无和三歧花的多少，是品种能否丰产的标志。

山楂为混合芽，未分化前生长点平面狭小，分化叶原基后，生长点增大，顶部略呈圆形的分化为花芽。花芽分化的时期主要有花芽分化期、花序分化期、花蕾分离期、萼片分化期、花瓣分化期、

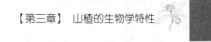

雄蕊分化期和雌蕊分化期。

当花芽开放后，莲座叶伸展，新生的结果嫩梢迅速伸长。5 月初花序分离，各级花梗也随之伸长，接着花蕾膨大，萼片开始分离，3～5 天花冠开放。

山楂花集中开放期分为两批。第一批约占总花数的 10%～15%；1～2 天后，第二批开放的花朵约占总花的 60%；另有一小部分延迟开放。花冠展开时，花药即开裂，一般 2～4 小时花粉散完，花药即变成黑褐色的空壳。山楂的开花期由于地区、种类或品种的不同或随年份温度及湿度的变化而有明显的差异。在一昼夜内，山楂花朵开放时间也不相同。据观测，约有 85% 的花朵集中在 2:00～12:00 开放，特别是 4:00～10:00 是花朵开放的集中期。

山楂属于常异花授粉植物，属于配子体型不亲和性，自花结实率为 5%～15%，异花授粉结实率达到 70% 以上。山楂异花授粉对授粉品种有选择性，授粉组合不合适，易出现不亲和现象。影响山楂花器质量和数量的因素有结果母枝的数量、土壤管理水平及整形修剪状况。结果母枝的长短与其每个结果母枝上形成花序的数量及每个花序上花朵数量呈正相关，因此增强结果母枝的长度，有利于山楂结果。科学的土壤管理，可以提高结果母枝上所形成的花数，有利于山楂结果。经过整形修剪的山楂树，每个结果母枝的花序数比不做处理的高 20%，同样花朵数也得到提高。

（二）山楂的果实

山楂的果实属于仁果类，果实是由子房下位花形成的假果，一般由 1～5 个心皮组成，可食部分是由其花托皮层形成。果实的颜色多数为红色、紫红色、橙红色和黑红色等，还有些为橙黄色。野生山楂的果实一般较小，果面具有黄褐色果点，阳面多而明显，近果梗处较少。栽培类型的山楂果实较大，不同品种的果肉颜色各异，主要有红色、白色和绿色 3 种颜色。

山楂的果实自盛花期到果实成熟，一般需 120～150 天，果实发育阶段呈双"S"形曲线：山楂生长期间，单果重累积值和纵横径的累积值曲线都明显地表现出了快、慢、快 3 个时期。果实在生长前期以长果心为主，后期以长果肉为主，横径增长快于纵径，特别是临近采收期增长更快。在采收前 30 天左右开始着色，至采收时果实全红。

山楂具有向光结果、壮枝结果、连续结果及单性结果的特点。

向光结果，山楂属于喜光植物，光照条件好的部位，其结果枝粗壮、花果多、果实质量好、外观及果肉颜色特别鲜艳；反之，则着色不好，坐果率低。

壮枝结果，健壮的结果母枝着生的花芽，可以连续结果多年。

连续结果，山楂树的结果枝具有很高的连续结果能力，特别是中、长结果枝连年结果能力较强。结果枝粗壮的可以连续结果 2 ~ 5 年，长的可达 9 年以上，一般以连续结果 3 年的结果枝坐果能力最强。

单性结果，山楂具有单性结实能力，经过外界刺激可以直接结果。

山楂果实成长可分为幼果速长期、缓慢增长期和果实速长期。幼果速长期为果肉细胞的迅速分裂期。花后 15 ~ 25 天，山楂果实开始发育，体积和重量迅速增长，果肉细胞的数量迅速增加，单果每 10 天约增重 0.9 克。若树体营养失调，则易出现严重的生理落果现象，在这个时期果实的生长以种核的形成和增长为主，果肉增长缓慢，纵径的增长速度大于横径，果实整体为狭长形。缓慢增长期中，山楂果实生长缓慢，单果每 10 天约增重 0.4 克。此时期种核逐渐木栓化，体积增大到成熟果实的种核大小，逐渐变色，为硬核期，种仁成熟。果实速长期中，山楂果实迅速生长。9 月开始，果实和体积都达到最高峰，单果重增长加快，内容物质含量增加。单果每 10 天增加 0.8 ~ 1.0 克。在采收前 30 天左右果实开始着色，到采收时果实全红，糖分增加。

山楂果实从谢花到果实成熟，会出现几次果实脱落现象。了解落果原因后，可采取针对性措施防止落果，主要有：花期放蜂，人

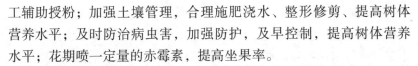

工辅助授粉；加强土壤管理，合理施肥浇水、整形修剪、提高树体营养水平；及时防治病虫害，加强防护，及早控制，提高树体营养水平；花期喷一定量的赤霉素，提高坐果率。

（三）山楂的种子

山楂属植物的果实中有种子1~5个。因种类不同，其数量和种核形态不相同。山楂种子的外壳木栓化，坚硬；褐色或黄褐色；肾形，脊背隆起，腹面两侧平滑或有凹痕。种子腹面两侧有无凹痕及凹痕的状态常是识别山楂种类的主要特征之一。种子外被一层坚硬的核皮，其主要成分是纤维素，由子房内壁发育而成，即内果皮。核皮之内由种皮、外胚乳、子叶和种胚构成种子。核皮腹面近中部有珠孔，可使种子与外界进行交换。山楂种子的百核重为5~35克，种仁率5%~90%。

山楂种子发芽习性。山楂的大多数种类，在常规条件下都是隔年发芽。

五、山楂的生长周期

山楂树的年生长发育周期分为休眠期和生长期两个阶段。休眠期是落叶到翌春萌芽前，共150~180天；生长期是萌芽到落叶，共120~210天。

（一）休眠期的生长状况

休眠是果树在进化过程中形成的一种对环境和季节性气候变化的生物学适应。山楂属于温带落叶果树，其生长周期受环境条件制约，特别是在不适宜其生长的条件下，树体会以暂时停止生长或落叶的方式适应环境，即休眠阶段，该阶段也是山楂树花芽分化的重要前提。在自然条件下，山楂只有正常进入自然休眠后才能保证后续生命活动的正常进行。在该阶段先是芽和小枝进入休眠期，然后是枝干，最后是根基部。山楂落叶后，各器官陆续进入休眠状态，根系没有自然休眠，一般在整个冬季仍有不同程度的生长活动，尤其是处于土壤深层的根系，不断汲取土壤水分和营养，供应树体地上部的蒸腾和呼吸。在这个阶段的树体会经过一系列的生理变化，树体呼吸强度降低到最低点，生命活动微弱。树体内所藏营养逐渐由芽、枝等末梢器官向骨干枝和根系转移。一般栽培类的山楂适应的最低温度范围为 −20~25℃，经过一段时期的自然休眠，如果还存在各种不利因素如气候等仍不利于树体生长发育，则树体会被迫进入休眠状态，这个阶段为被迫休眠期。在被迫休眠期，树体各器官随温度等的波动而开始变化，当温度等条件适宜时，树体便解除休眠开始萌芽。

山楂树各器官解除休眠的时期，根基部最早，然后是枝干，小枝和芽最晚。其中，花芽解除休眠的时间比叶芽早，在叶芽还没萌动之前，花芽已开始活动，所以必须预防各地区的"倒春寒"，防止花芽遭受冻害，造成减产甚至绝收。

(二)生长期为山楂开始生长发育时期

山楂树经过休眠期，随着温度的升高，当气温达到5℃左右时，山楂树开始萌动，一年的生长期开始，主要包括萌芽期、枝条生长期、叶幕形成期、开花期、果实发育期和花芽分化期。

萌芽期。不同品种、不同树龄、不同树势的芽及同一树的不同部位和不同类别枝条的芽，萌发的时间也不同。一般衰老期山楂树萌芽最早，早熟品种萌芽早，其次为盛果期树、初果期树和幼龄期树。同样树龄的树，健壮树萌发的相对晚点。同一棵树冠顶部和外围的芽萌发比内膛早1~2天。短枝萌芽最早，中、长枝芽萌芽稍晚。一个枝上，顶部的芽比底部的芽先萌发，花芽经叶芽先萌发。

枝条生长期。花芽萌发后抽生出顶端带有花序的结果新梢，4月中旬新梢开始生长，5月上中旬生长最快，5月下旬大部分开始停止生长，营养枝生长开始较结果枝稍晚，但持续时间长。

叶幕形成期。山楂树叶幕的形成规律是初期慢、中期快、后期慢。叶幕生长一般在发芽后1个月左右的时间已完成其总量的80%~90%。不同地区的不同品种主要集中在4月末到6月下旬，树体叶幕基本形成。合适的叶幕层和厚度可使树冠内的叶量适中，分布均匀，充分利用光能，有利于优质高产。

开花期。各地气候不同，花期不同。一般来说，同一地区，在阳坡生长的树开花早，阴坡生长的树开花晚，大年树开花早，小年树开花晚。

果实发育期。山楂的果实发育期主要包括果实膨大期、果实着色期、果实成熟期。山楂果实的生长曲线呈双"S"形，两个生长高峰出现在 6 月下旬至 7 月上旬和 9 月下旬。

花芽分化期。山楂是从 8 月中下旬至 9 月上旬到翌春开花前一个较长的时期内，完成其全部花芽分化过程，历时将近 8 个月。从最早出现花序原基到最晚出现花序原基约有 70 天，以后不再出现花序原基。此时期持续时间长达 160 天。花萼最早和最晚出现的间隔时间约为 150 天，以后各期持续时间变短。山楂花芽分化较苹果、桃等树种晚，在花芽、花序分化后，花蕾分离分化期长达 7 个月之久，翌年春季迅速分化完成性器官。所以，除了促进分化一定数量的花芽外，还要使花芽充实饱满，防止花序坐果率低，呈现坐果不良状态。

因此，在山楂整个生长期必须加强管理，尤其是地下部土肥水的管理，壮树、壮枝、壮花芽，在不利的自然条件下，为山楂生产创造有利条件，达到连年丰产、优质。

（三）生长发育阶段

根据山楂树生命周期的生长发育可将其分为幼树期、结果期和衰老期三个阶段。

幼树期为山楂树从成品苗定植到开始正常结果的时期。一般时间为 3~4 年。定植的第一年为缓苗期，树体生长势较弱。此时，主要养护根系的生长和发育，地上部新梢生长较短，不需要进行修剪。第二至第三年，树体根系水平生长较快，营养枝生长迅速，长枝和中长枝比例加大，树冠扩大较快；随着生长势的旺盛，根系的生长开始以垂直生长为主，分根逐渐增多，扩大了分布范围，树冠也开始以纵向生长为主的扩展，逐渐扩大为横向生长，树干出现了明显的中心优势现象。幼树期必须加强土肥水管理，1~2年以短截修剪为主，促使其迅速增加长旺枝，当长旺枝达到一定量时，则开始轻剪缓放，促使树体由营养生长转向生殖生长，为进入结果期打下基础。

结果期，可分为初果期、盛果期和更新结果期。初果期是幼树第一次开花结果到大量结果的时期，一般为5年。随着树冠和根系的不断扩大，枝叶和分枝数量日益增加，中短枝比例提高，生长势逐渐缓和。当年枝条生长时间缩短，树体营养充足，花芽分化逐渐增多中、短枝开始向结果枝转化，营养枝与结果枝的比例为3~4:1，随着结果量逐渐加大，产量开始提高。初果期还是以营养生长为主，枝叶不太茂密，中心干生长势开始减弱且偏离中心，果枝连续结果能力较差。初果期要注意加强树体的营养生长，在保证骨干枝生长优势的同时，对非骨干枝采取多种控制措施，促使其开花结果，逐年提高产量，特别是注意氮、磷、钾的供应。盛果期，指树体开始大量结果到产量明显下降的时期，一般可达几十年。此时期山楂树的水平根生长幅度达到最大，不再向外延伸，骨干枝配备齐全，结果枝组也基本完善，树冠中下部的骨干枝着生状态由下向上斜伸，树体内短枝大量增加，树体达到了最大，单株产量达到了最高，营养生长与生殖生长达到相对平衡的状态，并逐渐以生殖生长为主。盛果期中期由于结果数量的增加，中下部的骨干枝逐渐由上斜式生长变成了水平生长，后期多数表现为下垂，骨干枝不再延长生长出现下垂现象。树冠外围的枝叶比较集中形成营养结果带。盛果期是山楂树最佳经济效益时期，此时期注意调节树体营养生长与生殖生长的相对平衡，中后期注意控制花果量和大小年结果，确保产量的稳定；注意树体的更新，加强结果枝组的调整。更新结果期，指该时期因为部分骨干枝的衰老，根系开始缩小，新梢生长量变小，树体中下部的骨干枝多为水平或下垂状，也有部分骨干枝枯死，造成内膛光秃部位明显增大，结果部位明显减少，树体略有缩小，产量比盛果期下降。山楂树是更新能力很强的树种，需要采取措施对骨

干枝背部发出的新枝培养，取代老的骨干枝，维持树体长势，经过
2~3 次结果枝的更新，有的产量还能维持达数百千克。此时期是一
个较长的树龄阶段，注意利用修剪技术更新复壮，注意及时更新骨
干枝，及时复壮结果枝。加强土肥水管理，保持和维持树体营养生
长。衰老期，是指树龄较大，树势衰弱，生长量减少，枝条细弱，
短枝多，花多结果少，产量下降，果品低劣甚至不结果，树冠残缺
不全，枝条枯死，内膛光秃。此时，必须注意更新树冠，恢复树势。
可以充分利用适宜的徒长枝或直立枝换头，培养新的骨干枝；对于
衰弱的主枝，先选 1~3 个主枝，回缩到壮枝上，再选用背上枝的旺
枝培养主枝头，注意抬高枝条角度，利用徒长枝培养结果枝，注意
各个枝条角度的开张；增加枝量，对于原来的结果枝进行细微修剪，
注意剪口芽的选留，一定要保留壮芽；同时，要促进根系的生长，
注意深翻扩穴，改良土壤，增施有机肥，以利于树势的恢复，使地
上部和地下部趋于良性循环。

第四章

山楂育苗技术

一、砧木苗培育

（一）苗圃选择

苗圃的选择应注意以下内容：

1. 地势和土质

苗圃要选择背风向阳、日照好、稍有坡度的开阔地。坡向要注意选择北坡及东北坡。苗圃地的土层应深厚，一般土层厚度在 1 米以上时，可以保证苗木生长良好。土壤 pH 值以中性或微酸性沙壤土为好。黏重土壤易板结，春季地温回升迟缓，不利于出苗，影响幼苗根系生长发育；土质瘠薄、肥力低、保水能力差的地块和重茬地也不宜做苗圃；盐碱地育苗容易发生盐碱危害，导致幼苗死亡。

2. 水肥条件

苗圃地要选择在有水利条件的地方。种子萌发、生根和发芽，都需要保持土壤湿润。幼苗生长期根系较浅，耐旱力弱，要及时浇水，促使幼苗健壮生长。幼苗苗期生长较快，要及时施肥，保证幼苗健壮生长。

3. 其他注意事项

苗圃选择好以后，还要对苗圃地进行合理布局，如山楂苗的行向、道路的走向、排灌系统的设置等苗木实际生产中存在的问题。

（二）砧木选择

一般情况下，优良砧木应该符合以下标准：砧木与接穗间亲和力好；砧木的根系好，可适应种植区域的环境；有利于促进接穗生长，能健壮生长，结果时间相对较早，结果数量多且寿命相对较长；易繁殖，有较高的种仁率，出苗好；对病虫害有较强的抵抗力。

山楂栽培区域广泛，不同地区所选砧木有差异。辽宁、吉林地区选择的砧木主要为毛山楂、辽宁山楂、光叶山楂等。京津及河北北部地区应用的砧木主要是橘红山楂、辽宁山楂、甘肃山楂等。河南、山西等栽培区应用的砧木主要是野山楂、湖北山楂、华中山楂等。云贵高原产区主要用野生的云南山楂。野山楂作栽培山楂的砧木时亲和性好，并且具有明显的矮化和早结果的效果，一般嫁接后第二年即开始结果。盛果初期，树高为 1.5 ~ 2.0 米，单株产量可达 50 千克以上。缺点是该砧木抗盐碱能力差，幼苗易感白粉病，种子处理时间长。辽宁山楂抗寒，苗木生长势强，白粉病轻，种仁率高，层积 1 年即可出苗。阿尔泰山楂抗寒、耐旱、耐盐碱、抗白粉病，种仁率高，种子层积 1 年，第二年春天就能正常出苗，嫁接苗亲和力好。

（三）砧木苗栽培管理

1. 砧木苗培育

（1）种子育苗法

利用野生山楂种子培育砧木苗。山楂种子育苗法是生产上常用的方法，出苗量大，苗木根系发达，苗木质量高，对环境适应性强。因山楂种子的种壳致密坚硬，直接播种后出苗困难，采取种子育苗时通常对种子进行层积处理。

①野生山楂种子采集和处理：

野生山楂种子采集：一般从生长健壮、无病虫害的成年树上采集种子。时间为 8 月中旬至 9 月上旬。这个时期是野生山楂的生理成熟期，适时采集，早处理，可提高山楂种子的出苗率。采集到的野生山楂，果肉分离后，用清水反复淘洗干净，取出种子。

种子处理：山楂种子必须经过层积处理才能发芽。原因是山楂种子坚硬且厚，缝合线紧，气孔小，骨质致密，种壳难开裂，水分、空气渗透困难，严重地阻碍了种子的萌发。常规层积处理：秋季选枯燥、不易积水的干地，挖 50～100 厘米深、70～100 厘米宽，长度视种子多少而定的土坑，坑底铺 5～10 厘米厚的细沙。将 1 份种子与 5 份细沙混匀，适量洒水，以手握成团、松手即散为宜。将其倒入坑内，距地上 10～15 厘米处，盖沙与地上相平，再覆土高出地上。若坑的长度超过 1 米，须每隔一定间隔插草束或秫秸通气。冬天随时打扫积雪。次年 5～8 月扒去覆土，上下翻动 2～3 次，查看有无干燥腐烂现象，秋季取出耕种。亦可在第三年春季耕种，但要早播，以免种子腐烂。其他处理方法有机械损伤处理、化学试剂腐蚀种壳、变温处理等，均是对种子进行一定的处理后，再进行层积处理。

机械损伤处理法：用粉碎机粉碎或碾压法处理山楂种子种壳，经粉碎或碾压处理后，一部分种子的种壳被打碎露出种仁，一部分种子的种壳出现裂缝。然后将种仁及有裂缝的种子分别挑出，进行层积处理。一般层积处理 3 个月以上，当年即可出苗。化学试剂腐蚀种壳法：将干净的山楂种子用 35％的硫酸溶液处理后，用清水冲洗 2～3 次，洗掉种子上的黑炭层后，可马上播种。播种后采用地膜覆盖地面，以保持土壤湿润。这种方法处理的种子，出苗率高，可当年成苗。变温处理有多种方法，目的是使种子易于萌发。以以下 2 种方法为例："三九"天用冷水浸泡种子 10 天左右，使其吸足水分，捞出，摊放于低温处，厚约 5 厘米，让种子结冰，经 1～2 天冰冻，再将其放入 65℃的热水中不断拌和，随后浸泡 1 天。这样重复处理 3～4 次，大多数种壳裂缝，再将其与 5 倍的湿沙混匀，储藏至翌年春天耕种。或将刚去掉果肉的湿种子倒入 75℃的热水(3 份开水兑入 1 份凉水，温度约为 75℃)中，不断拌和，水温降至 25℃左右时，即中止拌和，再浸泡一夜，捞出用沙储藏。次年春播前 20 天，取出带沙的种子，于向阳避风处堆积，上盖草帘，温度控制在 17～18℃，每天翻动一次，并喷少量水，待多数种壳开裂，即可耕种。

②播种育苗：山楂种子育苗的播种方法主要有条播、撒播、沟播和畦播等，其中条播是最常采用的方法。这种方法苗木生长发育好，便于当年嫁接。播种前对苗圃地深翻、耙细、做畦。浇足底水，

亩施基肥 4000～5000 千克。播种时间因地域不同时间各异。寒冷地一般春播,华北及以南地区多采用春播。春季播种一般在土地解冻后,3～4 月进行。播种量一般为每亩 30～40 千克,可根据种子发芽率进行调整。条播时,一般可按 40 厘米和 30 厘米相间的宽窄行进行,播种深度 2.5～3.0 厘米为宜。播种过深过浅均不好,过深种子出苗率低;过高地表层土壤墒情差,出苗后小苗不耐旱,幼苗生长弱。

（2）归圃育苗法

归圃育苗法是刨取大树下或野生山楂的根蘖苗,通过选择,将根系发育好的,移植到苗圃培养砧木苗的方法。这种方法简单易行,投资少,苗木出圃快,一般 2 年就可以生产出优质壮苗。

①根蘖苗培养和选择:山楂自然萌蘖能力很强,春季树体萌动后会萌发很多萌蘖苗。选择高度一致、生长健壮、分布均匀的根蘖苗作为管理对象,抹除距地面 15 厘米以下的叶片,去除周围不需要的根蘖苗。刨取萌蘖苗的最佳时间为秋季落叶后至土壤上冻前或早春土地解冻后至苗木展叶前。刨取根蘖苗时要注意剔除根龄大、无须根的"疙瘩苗",选择 1～2 年生的根蘖苗,直径为 0.3～1.0 厘米,枝干光滑直立,有 2～3 条 10 厘米长以上的侧根,须根较多。

②根蘖苗栽植:移栽时注意根系不要被风吹干,最好随刨随栽,不能及时栽植时,一定要做好根系防护措施。栽前对根蘖苗的根系适当修剪一下,使根系断端齐整,便于苗木生长一致。每亩地可栽根蘖苗 10000 株左右。栽植时对根蘖苗进行分级管理,大小不同的苗木分开栽植,便于统一管理和嫁接。苗干直径在 0.5～1.0 厘米的,栽后进行"平茬"处理,促使萌发新枝,当年夏季芽接,第二年秋季成苗即可出圃。苗干直径在 0.5 厘米以下的栽后不平茬,在高度30～40 厘米处定干,当年夏季利用老干芽接,也可在第二年秋季成苗出圃。苗干直径 1 厘米以上的,可在高度 30 厘米左右处剪截,当年及时抹除 20 厘米以下老干上的不定芽,培养砧木根系,第二年春季进行切接或劈接。

③根蘖苗管理：对根蘖苗要加强肥水管理，及时抹芽，为当年秋季或翌年春季嫁接准备好砧木苗。根蘖苗幼苗出土后，要注意施肥浇水，中耕除草，松土保墒。当幼苗长到35厘米左右时就及时摘心，促其加粗生长，以利当年生长发育。5~6月苗木生长旺期，结合浇水，施肥1~2次。

（3）根段育苗法

根段育苗法是利用山楂根段容易萌发不定芽和须根的特点进行育苗的方法。

①根段的选择标准：根段粗度为0.5~1.0厘米为宜，过细的根，营养不足，发苗能力不强；过粗的根已经老化，发生不定芽的能力较差。将根段剪成15~18厘米，须根要多，或者进行生根处理，用生根粉浸泡后，湿沙中培放6~7天，扦插于苗圃，可提高苗木成活率和砧木质量。

②根段的栽植要求：根段在秋季或春季均可进行。株行距可以采用大垄双行或小垄单行，株距10厘米左右。根段倾斜埋于地表下，埋后踩实并浇足水。根段发芽后，要及时抹除多余的萌蘖，留下1个最好的或较好的小苗。为便于芽接，在苗高30厘米左右时进行摘心，促进苗木加粗生长。同时，在离地面5~10厘米范围内去除叶片，以便嫁接。

（4）绿枝扦插育苗法

绿枝扦插育苗法是采用绿枝扦插生根育苗的方法。春季可以采用这种方法。6月中旬左右选取幼龄植株砧木上萌发的半木质化枝条，剪截成12~15厘米长，上端距最上一芽的上方0.5厘米处平剪，下端在最下一芽的下方0.5厘米处斜剪，剪口为马耳形。保留插穗上部的3~4片叶，每片叶需剪去一半。为了促使成活和生长，扦插前可用生根粉溶液浸泡插穗基部3小时，然后将插穗插到厚度为4~5厘米湿润、干净的河沙沙床上。插后搭建塑料薄膜拱棚，注意遮阴。一般在插后30天开始生根，45~100天生根率可达到90%，苗高达60~80厘米。

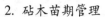

2. 砧木苗期管理

（1）幼苗栽植管理

当大部分幼苗长出 2～3 片真叶时，按 8～10 厘米的株距进行补苗，多的进行间苗，此时移栽易于成活。将间出来的幼苗移栽到事先准备好的畦内，移栽时先浇透水，然后用棍插孔，将幼苗根插入孔内，用手挤压覆土，栽后浇水。当植株长出 10 片叶时，叶面喷施 1 次赤霉素，对加速砧木苗生长具有良好的效果。及时抹除砧木苗基部 20 厘米以下的萌芽，保持芽接部位光滑无分枝；对根蘖苗，要去弱留强，只保留上部 2 个健壮芽。当幼苗长到 30 厘米左右时摘心，并尽早摘去苗木基部 10 厘米以下分枝，促使其加粗生长，以便嫁接。

（2）生长期管理

经常中耕除草，松土不宜过深，以免伤根。保持土松、草净，以免杂草生长与幼苗争夺肥水，保证幼苗健壮生长。在每个生长期及时浇水，在幼苗出土前及刚出土时，保持地面湿润；干旱时，注意浇水不能大水漫灌，防止土壤板结，影响出苗及幼苗生长。夏季浇水，7 天左右浇水 1 次，每次浇水后及时松土保墒。在 5 月下旬至 6 月上旬幼苗生长高峰期，每月追肥 1 次，施肥后马上浇水。嫁接前 5 天浇 1 次大水。苗木生长期一定要注意及时防治山楂立枯病、白粉病和缺铁症、蚜虫、金龟子等病虫害。

①山楂苗期立枯病防治：立枯病是山楂砧木幼苗生长前期的主要病害，主要使幼苗根茎部干枯。可在播种前每亩撒 1.5～2.5 千克硫酸亚铁，或在播种时用硫酸亚铁 300 倍液浇灌根系，当长出 4 片真叶时再浇第二次，即可基本控制立枯病的发生。

②山楂苗期白粉病防治：白粉病是山楂苗木生长期的主要病害，主要危害叶片和茎秆。若不及时防治，则造成砧木苗生长细弱，不易离皮，严重时影响嫁接，甚至死苗。从 6 月开始，每隔 15～20 天用 0.3 波美度的石硫合剂或用 70% 甲基硫菌灵可湿性粉剂 800 倍液进行喷施，连续喷 3 次，可进行预防。发病期间，可喷施 25% 三唑

酮乳剂 1500~2000 倍液进行防治。

③山楂苗期缺铁症防治：山楂苗木发生缺铁症时，可在 5 月中旬喷施 1 次 0.2% 硫酸亚铁加 0.04% 硫酸锌混合溶液，间隔 15~20 天再喷施 1 次，效果良好。

④山楂苗期蚜虫、金龟子等害虫防治：这些害虫主要危害幼叶。及时喷施 90% 敌百虫 1000 倍液进行防治。

二、嫁接

(一)接穗选择

1. 接穗的标准

接穗标准为品种优良纯正、母株生长健壮、丰产稳产、无病虫害。

选择部位：可选择树冠外围生长健壮充实的发育枝或中、长果枝作接穗，不宜选择短果枝、徒长枝和生长细弱的枝作接穗。芽接接穗选用组织充实、已基本木质化而且芽子已经成熟的当年生新枝。1~2 年生延长枝的上部和下部各 1/3 处不宜作接穗，宜选用枝中部 1/3 处主芽饱满的部分作接穗，主芽较瘪或瘦弱的也不宜作接穗使用。接穗的长度以 10~15 厘米为宜，不宜过长或过短。

2. 接穗的采集

如需要大量的接穗，最好建立采穗圃。每年对采穗圃树上的枝条进行适当重短截，并加强管理，促使多发健壮的营养枝，以便提供较多的接穗。采集的时候最好随接随采，采下后立即摘除叶片并剪去新梢幼嫩部分，保留 0.5 厘米左右的叶柄，减少水分散失，以免枝梢失水皱缩。春季枝接时，待芽膨大前采穗比较适宜，也可以结合冬季整形修剪进行。应选择健壮充实、芽子饱满、无病虫害的 1 年生枝条作为接穗。

3. 接穗的运输

需要长途运输的接穗，采后需要蘸蜡，有效保存接穗的水分不蒸发。方法如下：将工业石蜡在铁制或铝制的容器中加热，充分熔

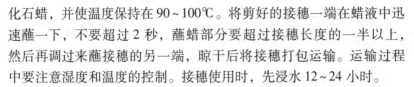

化石蜡，并使温度保持在90~100℃。将剪好的接穗一端在蜡液中迅速蘸一下，不要超过2秒，蘸蜡部分要超过接穗长度的一半以上，然后再调过来蘸接穗的另一端，晾干后将接穗打包运输。运输过程中要注意湿度和温度的控制。接穗使用时，先浸水12~24小时。

4. 接穗的贮藏

少量接穗可以放入保鲜袋贮存在0~5℃的冰箱或冷库中。大量接穗可进行湿沙贮藏。将接穗埋在湿沙中，沙的湿度要求以手握成团、掉地即散为宜。贮藏期间注意检查，防止接穗受热失水、变质，贮藏温度要低于0℃，空气相对湿度为75%~85%。一般贮藏期为4~7个月。

(二)嫁接时间

枝接时间和芽接时间有所不同。

1. 枝接时间

理论上枝接一年四季均可进行。但生产上主要在春季嫁接。一般在3月下旬至5月上旬，砧木树液开始流动接穗发芽之前进行。夏季可进行绿枝嫁接。

2. 芽接时间

芽接可在春、夏、秋三季进行，生产中以夏、秋季芽接为主。芽接主要在生长季，植物生长活跃，容易离皮。如果砧木和接穗都不离皮，或砧木离皮而接穗不离皮，则采用嵌芽接法和带木质部芽接。

(三)嫁接方法

嫁接方法主要有枝接法、芽接法等。

1. 枝接法

用一段枝条作接穗嫁接到砧木上，使其成为一个新植株的方法叫枝接。主要用于换头、大树改接换优等。枝接成活率高，嫁接苗或高接换优树生长快。嫁接苗当年可出圃。大树高接换优第二年即可结果。枝接的接穗粗度以2~3厘米为宜。

2. 芽接法

芽接就是将接穗上的芽嫁接到砧木上，使其发育成一个独立个体的过程。芽接可以节省接穗，成活率较枝接低。

（四）嫁接苗管理

嫁接苗要加强管理，才能生产出优质的苗木。

1. 去除萌蘖

嫁接后 7 天左右，先检查嫁接苗成活情况，成活者叶柄一触即落，未成活的须重新嫁接。劈接的第二年，接芽萌发前在接芽上方 1~2 厘米处剪砧。剪口要平整，除掉砧木萌芽。高枝芽接的苗木，当接芽抽梢长度 20~25 厘米时，要留 20 厘米摘心，以利于根系和枝条的生长。

2. 解除绑缚物

一般在嫁接捆绑处即将出现缢痕时解除绑缚物，多数在嫁接后 40~50 天后进行。用小刀竖向下划破即可。如绑缚物解除过早，嫁接处愈合不好，嫁接苗容易折断；解除过晚，嫁接捆绑处会出现缢痕，也容易使苗木从缢痕处折断。

3. 土肥水管理

嫁接后解除绑缚物，不特别干旱时不浇水。解除绑缚物后，出现干旱及时浇水。苗木进入迅速生长后要追肥，追肥后及时浇水，同时注意除草，保证嫁接苗营养充足的生长发育。

4. 病虫害防治

嫁接后，要及时预防金龟子、蚜虫等危害新梢嫩叶，刺蛾、潜叶蛾等害虫取食叶片。注意白粉病等病害的预防和防治。

三、苗木出圃

（一）优质苗木标准

一般优质苗木应具有良种、良砧、壮苗 3 个条件，要求根系发达、芽子饱满、茎秆粗壮。

山楂一级苗标准：苗高 100 厘米以上，无危险性病虫害；砧木与接穗处愈合良好；主根长 15 厘米以上；侧根长 20 厘米以上，基部粗 0.5 厘米以上，舒展，不卷曲，侧根数 4 个以上，分布均匀不偏长；芽饱满充实，8个芽以上；砧木与接穗嫁接部位愈合完全。

山楂二级苗标准：苗高80厘米以上，无危险性病虫害；砧木与接穗处愈合良好；主根长15厘米以上；侧根长15厘米以上，基部粗0.4厘米以上，舒展，不卷曲，侧根数4个以上，分布均匀不偏长；芽饱满充实，8个芽以上；砧木与接穗嫁接部位愈合完全。

（二）苗木出圃

1. 出圃时间

苗木出圃时间一般在休眠期，即从秋季落叶到第二年春季树液开始流动前均可进行，但生产上一般秋季出圃。

2. 起苗方法

起苗应用锋利的铁锹，根据土质和苗木生长情况，适当地深挖远掘，尽量多带须根，少伤地上部。起苗前4~5天浇水，有利于起苗时根系完整，增强苗木抗御干旱的能力。

（三）苗木贮运

1. 苗木贮藏

苗木贮藏一般是在低温条件下，0~3℃，空气相对湿度80%~90%，有通气设备。有条件的可以在冷库中贮藏。当苗木数量少时，可以进行沟藏或窖藏：选择背阴避风，排水良好，地势高而平坦的地方，挖沟贮藏。沟深60厘米、宽60厘米，长度根据苗木数量而定，南北沟向。沟底铺10厘米厚的湿沙，然后将苗子按50株或100株一捆，标记好后埋入沟内，苗梢向南倾斜。贮藏过程注意经常检查，根部过干时，应浇水保持湿润。秋季起出的苗木，在春季定植或外运的，要在土壤上冻前对苗木进行假植。

2. 苗木运输

山楂苗根系和枝条易失水风干，先将苗根蘸泥后再包装，包装材料多用吸足水的草苫、蒲包等。包装时苗根放于同一侧，用草苫将根包住，小苗可根对根摆放。包好后挂上标签，注明品种、数量等。短途运输时，每捆以50或100株为宜，直接用湿草袋包装。运输时间长时，包装前苗木根部应填充湿草。运输过程中注意苗木的干湿度，过干易枯死，过湿易发霉，为防止霉烂，应注意通风。

第五章

山楂优质栽培修剪技术

一、山楂树形

早期山楂生产中，全国各地的山楂树多放任生长，一般不进行整形修剪。但试验证明，山楂树在加强土、肥、水和防治病虫害等综合管理的基础上，适当进行整形修剪，对增强树势、改善光照、提高产量的效果明显。根据山楂树干性强，层次明显的特点，山楂的丰产树形主要有自然疏散分层形、双层开心形、自然开心形等。随着劳动力需求的变化，当前山楂栽培生产中采用的树形在以上树形的基础上普遍矮化，便于山楂采收。

（一）自然疏散分层形

定干高度在 120 厘米左右。第二年、第三年冬剪时，在整形带内选留方向、角度以及长势相似的 3 个侧生枝作为第一枝主枝，留 50~60 厘米短截，长度不足的不用短截，下一年再进行短截。在树冠中央选留 1 个生长直立、长势强的枝条作为中心枝，疏除竞争枝，培养辅养枝。第四年、第五年冬剪时，在中心干上方距第一层主枝 100~120 厘米处，插空选留 2 个侧生枝作为第二层主枝，错开选留，以免影响中心领导枝的生长。同时，在第一层各主枝上，可在距中心干约 50 厘米处选留培养第一侧枝。第五年、第六年，再在中心干上距第二层主枝 60~80 厘米处选留 1~2 个侧生枝培养第三层主枝。同时，要选留培养第一层主枝的第二侧枝及第二层主枝上的第一侧枝，在侧枝的适当位置选留结果枝组，第三层主枝上宜直接配备枝组。最后落头开心。

（二）双层开心形

与自然疏散分层形的整形方法一致。不同之处有两点：第一是主枝只有 2 层，而在第二层主枝上方的中心领导枝上留 1 个斜生弱枝，剪除上方的中心领导枝落头开心。第二是在第二层主枝上不配备侧枝，而是直接培养结果枝组。不配侧枝的树体成形快，树体紧凑，结果早，易早期丰产。

（三）自然开心形

也叫单层开心形。定干高度为 50 厘米，第一年冬剪时选留 2~3 个主枝，第二年冬剪时再选留 1~2 个与上年主枝邻近错开的枝条作主枝。一般情况下，在山楂幼树的主枝生长量小时，可以不短截，长度在 50 厘米以上的留 40 厘米左右短截。其余枝条留作辅养枝，一律缓放不短截。竞争者可进行环剥、拉枝或疏除处理。一般 3~4 年树体即可成形，主枝上无侧枝，可根据空间大小、间隔 30~40 厘米直接在主枝上配备枝组。

二、山楂修剪

（一）山楂幼树栽培修剪

1. 夏季修剪

夏季修剪是山楂获得早期丰产的重要手段。夏剪为主、冬剪为辅是山楂丰产措施之一。

夏季修剪主要是为了抑制枝条营养生长，促进生殖生长，调节营养向花芽形成、果实生长等处输送，也有利于促发中、短枝，增加树体中、短枝的比例，为树体下一步的营养生长打基础。主要方法有摘心、疏枝、抹芽、拉枝等。

（1）摘心

摘心即打顶，是对预留的干枝、基本枝或侧枝进行处理的工作。摘心是根据栽培目的和方法，以及品种生长类型等方面来决定的。当预留的主干、基本枝、侧枝长到一定果穗数、叶片数（长度）时，将其顶端生长点摘除（自封顶主茎不必摘心）。摘心可控制加高和抽长生长，有利于加粗生长和加速果实发育。

摘心是指对当年萌发的新枝打去顶尖。摘心的作用有两点：一是促进分枝，增加枝叶量，也能缓和幼树的生长势，避免"冒大条"；二是可促进盛果期树腋花芽的形成。以上两点作用不同，摘心时间也不同，第一种的摘心时间在新梢长到半木质化时，一般在 5 月下旬到 6 月中旬进行，约摘掉打新梢的 1/3，同时还要将摘心后的枝前端的 1~3 个叶片摘除，以利于芽的萌发。摘心不能过早也不能太晚，因为过早摘心，往往只在先端萌发一芽，仍然跑单条，达不到促进分枝的目的；太晚摘心，新梢已接近封顶阶段，萌发力较弱，长出的枝也不理想。第二种的摘心时间，要掌握在新梢封顶前的 7~10 天进行，因为早了促进发枝，晚了形成腋花芽的作用又不大，这个作用主要应用于盛果期树，对幼树基本没有这个作用。

（2）疏枝

幼树生长过旺时，多余的枝条可在生长季，即 5 月下旬开始及时疏除，促进树体生长，提高翌年的产量。

（3）抹芽

抹芽也叫掰芽，就是在果树发芽后至开花前，去掉那些多余的芽。此时芽子很嫩很脆，用手轻轻一抹，即可除去，故称抹芽或掰芽。抹芽的好处是：集中树体营养，使得留下来的芽子，可以得到充足的营养，更好地生长发育。在生长季节要及时抹芽，时间一般在 5 月中旬以后进行，抹芽控梢以"去弱留壮"为原则，及时抹除内膛萌发的枝条，改善光照条件，有利于树体的生长。

（4）拉枝

果树拉枝对于调整树体结构、改善光照条件、缓和树势、促进花芽分化和提早结果起着重要作用。但从实际调查的情况来看，多数果农对拉枝时间掌握不准，仍沿用冬季或春季萌芽前拉枝的方法。冬春季果树枝干较硬，拉枝容易引起劈裂，形成伤枝，诱发病害，削弱树势。而且冬春季拉枝后，果树背上优势比较明显，会造成背上枝过多、过大，导致树上长树，影响光照条件。有些果农拉枝时不分树种、品种，也不管枝条方向是否合理，见枝就拉，见缝就插，使上部枝条拉枝后明显大于下部枝条，造成树势过早衰弱，寿命缩短。还有些果农为了图省事、省力，使用铁丝、细绳作为拉枝工具，在枝条中部直接捆绑拉枝。结果致使铁丝、细绳陷入枝条皮层引起缢伤，导致枝条顶端优势变为背上优势，其基部增粗加快，弓形部位冒条严重，反而不利于开花结果。为此，务必提醒广大果农，果树拉枝并非随时都可进行，而且不能见枝就拉，任意捆绑。否则，不但影响拉枝的效果，还会产生一些副作用，得不偿失。

拉枝应注意拉枝时间、拉枝角度、拉枝位置、拉枝树龄及拉枝工具等事项。

拉枝时间：华北地区果树拉枝应在 8~9 月进行。此时枝条柔软易拉，容易控制树势，成花率明显高于冬春季拉枝，且不易产生背上冒条现象，能够达到早结果早丰产的目的。

拉枝角度：实践证明，拉枝角度应根据树种、品种、密度、树形和立地条件等灵活掌握。将枝条拉成适宜的角度，使主侧枝分布均匀，上下层错落有致，形成立体结果树势。总的来说，对于临时性辅养枝，为促其早结果，可以拉平甚至下垂，待结果 2~3 年后回缩或疏除；对永久性辅养枝，则要保持一定的势力，将其角度拉至 80°左右即可。对大冠树形，主枝角度以 60°~70°为宜；对纺锤形树形，其主枝角度可拉至 80°~90°。短枝型品种易早衰，为保持其生长势，角度可稍小些；普通型品种生长旺盛，角度宜稍大些。立地条件好，肥水充足的果园，拉枝角度可大些；立地条件差，肥水不足的果园，拉枝角度要小些。

拉枝位置：总的原则是在不影响树形和通风透光的条件下，首先满足主、侧枝生长空间，对多余的、过密的辅养枝要适当疏除或回缩。在拉枝时，上部枝展如超过下部枝展，应对上部枝条进行适当处理，使上部枝展保持不超过下部枝展的 1/2 为宜。拉枝部位应位于距枝条顶端的 1/3 处，使基角张开。如枝条过粗，可用一只手托住枝条基部，另一只手在离枝角不远处拿住枝，朝需拉枝方向反复揉枝。待揉枝部位软后再拉，这样不会拉劈枝条或将枝条拉成弓背形。

拉枝树龄：就大多数果树而言，其主、侧枝拉枝的适宜枝龄为 2~3 年。过早枝条尚小，影响树冠成形；过晚主、侧枝往往过粗过大，拉枝很不方便，既费工费力，又影响早期结果。辅养枝则可在 1 年生时就拉枝开角，有利于及早形成丰产树冠。

拉枝工具：拉枝时，最好使用柔软的草绳、宽布条和宽粗塑料条等，如用铁丝、细绳等物，应在枝条上垫麻片、布条等，以免造成缢伤。当拉枝角度固定后，应及时解除绑缚物，防止铁丝、细绳等陷入皮层造成缢伤，既削弱树势，又易诱发病害。

背上枝的处理，果树进行拉枝后，一般会萌发一些背上枝，如不及时加以处理，会形成背上旺枝。因此，拉枝后应进行复剪，如摘心、扭梢、环剥、绞缢等，以培养中、小型枝组。如无空间，则应及时抹除萌芽。

2. 冬季修剪

常用的方法有短截、疏枝等。

短截是对 1 年生枝条进行剪短，留下一部分枝条进行生长。短截按其保留长度又可分为以下 5 种：

（1）轻短截

剪去 1 年生枝条的 1/3。剪后萌发的枝条长势弱，容易形成结果枝。

（2）中短截

在 1 年生枝条的中部短截。剪后萌发的顶端枝条长势强，下部枝条长势弱。

（3）重短截

截去 1 年生枝条的 2/3。剪后萌发枝条较强壮，一般用于主、侧枝延长枝头和长果枝修剪。

（4）重剪

截去 1 年生枝的 3/4~4/5。剪后萌发枝条生长势强壮，常用于发育枝作延长枝头和徒长性果枝、长果枝、中果枝的修剪。

（5）极重短截

截去1年生枝的4/5以上。剪后萌发枝条中庸偏壮，常用于将发育枝和徒长枝培养结果枝组。

（二）山楂幼树修剪具体措施

定植后第一年，主要进行拉枝和短截。夏季，对主干上萌生的生长枝进行拉枝。剪口下的第一枝和第二枝要及时拉成一定角度，以控制其往上生长，同时促进下部芽体饱满。一般枝条不用处理，冬季时进行短截断，对生长较长的枝条剪留30～40厘米，促发旺枝。其余中庸枝不用处理，实行缓放。定植后第一年的拉枝在春季萌芽后6月中下旬至8月上旬进行。将当年生的达到1米左右的新梢拉成水平，促进花芽分化。经拉枝的新梢，侧芽当年即可形成花芽。第二年至第三年，一年内，拉枝可在2个时间进行。

幼树整形修剪方法大致如下：1～2年生的幼树有分枝，可将距地面60厘米以下无用的分枝，从基部剪除，在其顶端选一直立强壮枝条作为中心领导枝，中心领导枝适当打头（剪截）。但山楂幼树中心领导枝有偏斜现象，在剪枝时要特别注意选留剪口芽，剪口芽应留向内侧。其下选留3～4个错落着生的分枝作为主枝，一般幼树的主枝较短，过短的可不打头，以平衡中心领导枝与主枝的生长势，其余从基部剪除。2～3年的各主枝一般都能生出一些侧枝，选留位置适当，分布均匀的酌情短截，培养成侧枝，其余的疏去。各主枝的延长枝，如果生长过旺，超过45～60厘米，可适当短截，以平衡各主枝的生长势。剪截主枝时，要注意留外芽。这样4～5年，树冠就可以形成，骨干枝（主侧枝）以外的枝条，若生长过强，与骨干枝发生竞争时，必须疏掉，保留平生枝，发育中庸的枝条不剪截，使其形成结果枝，提早结果。

(三)山楂成年树修剪

1. 不同类型成年树修剪

(1)大小年树的修剪

修剪花芽多的大年树时，应疏除过密的短果枝，并在开花前调整花序数，部分中、长果枝应除去先端花芽或花序，结果母枝的数量应维持在40%左右。对花芽少的小年树，应尽量多留花芽。冬剪时只剪截大枝和骨干枝的延长枝，对可能是花芽的1年生枝在现蕾期复剪，对长势弱又无花芽的枝可重回缩更新复壮；对一般发育枝应多重剪，减少当年成花量。

(2)盛果期大树修剪

山楂树10年生以后进入盛果期。此期修剪主要是合理调整枝果比例，维持粗壮结果母枝和较强的树势，避免出现果枝多、枝质差、坐果少、单果轻、风光条件恶化和结果部位外移现象。采取的方法有：首先，对结构合理的树体，应着重调整果枝数量，改善风光条件。调整果枝数量应做到疏弱、留壮、扶助中庸。对结果母枝应视其枝的强弱，采取疏除密枝保留稀枝的剪法，合理修剪。连续结果多年的结果母枝应实行重缩或疏间；对外围结果母枝可采取"三权枝"扣中间，"燕尾枝"去一留一的剪法。利用冬剪使结果枝占数量的30%~40%；其次，对树体结构混乱、主次不分的树，应以选择适宜的骨干枝为主，现调整枝果比例关系。

2. 成年山楂树不同时期的修剪

(1)盛果初期

对全树以疏枝为计，适当回缩，主要疏除过密枝、重叠枝、交叉枝、徒长枝、早期结果的拖地枝和冠内细弱寄生枝。回缩徒长枝，调节枝势，对外围枝则应注意抑强扶弱、留中庸，保持结果枝稳定的结果能力。

(2)盛果中期

在修剪中应注意处理好生长与结果的关系，巩固合理的树体结构，保持良好的风光条件。对结果枝组应注意及时更新复壮，结果枝和发育枝保持2:3的比例较为合适，可使之具有较强的生产能力。注意控制大小年结果，在小年之后的冬剪，应注意疏除和回缩过弱的结果枝组，以减少下年的结果量，使大年不过大；在大年之后冬剪时，应注意保留结果母枝，以增加翌年的结果量，使小年不小。

（3）更新结果期

主要采取更新复壮的修剪技术，重点是结果枝组和大枝的更新复壮。大枝复壮最重要的是，使内部的徒长枝代替一部分衰老的骨架重新组合叶幕。主要分为枝组更新、大枝更新和骨干枝更新等。

①枝组更新：若结果后的分枝上有中庸和较粗壮的无果短枝和叶丛枝，则可对分枝适当地缩剪到年痕处或中庸偏弱的枝芽处；若结果后的分枝已经较弱，应重缩剪到基部枝芽处，促进萌生枝梢复壮。整个枝组衰弱后，再进行复壮是比较困难的，通常要将枝组疏掉，利用附近的枝组结果。如果疏掉枝组后空间较大，可于萌芽期在疏枝剪口的前方进行目伤，以促进隐芽萌生新梢，重新培养枝组。但较好的更新办法是在整个枝组尚未转弱，所结的果实出现变小的迹象时，对其按主轴延伸枝组的培养方法培养2年，再对原枝组重缩剪，以新枝组替代老枝组。每年更新枝组的数量应有所增加，每年更新全树枝组的1/3~1/2，在2~3年内全部更新一遍。

②大枝更新：当枝组更新也不能解决问题时就要进行大枝更新。

疏除过密、过弱的大枝：成年山楂树若大枝粗大、数目偏多、占据空间较多、长势较强，则影响营养分配和通风透光，会导致中、下部枝条死亡。更新修剪时最主要的是要疏除上部大枝，打开光路；对生长过于强壮，占据空间较多，中、下部光秃的大枝要疏除；对生长直立，角度偏小，密集、重叠的大枝也要适当疏除。疏除大枝较多时，可逐年疏除，先疏除对周围影响较大的大枝，其余的分年疏除，不可一次疏完。

回缩大枝：若大枝太长，则应进行回缩。大枝回缩应遵守"缩枝不缩冠"的原则，在保持树冠相对稳定的前提下适度回缩大枝。即在大枝1/3处，必要时可以在1/2处进行回缩，生长势弱的大枝及时回缩复壮，中、下部光秃的大枝可以暂不回缩，先促萌发枝，成枝后再适度回缩。大枝回缩应逐年、逐步回缩，一次回缩不宜太多，也不宜过于重回缩，应当根据周围的空间，回缩到适宜的位置。回缩锯口留下的枝组不能过于弱小，可选择长势较强的小枝或枝组作剪口枝。生长势旺盛的大枝回缩到中庸枝组，或角度较低的枝组、生长势弱的大枝可回缩至背上斜生的或长势较强的枝组。

调整大枝角度：生长强的大枝适当压低枝条角度，可背下枝换头，并疏除过密的侧生枝；生长较弱，枝头下垂的大枝，要选择适宜的背上枝作头，缩减枝身的弯曲度；顶端生长势强，中、下部衰弱的大枝，压低梢部角度，并疏除旺长枝。

③骨干枝更新：更新结果后期的骨干枝已严重衰老，会出现干枯现象，应及时更新。一般在盛果期后期，如果骨干枝延长枝的生长量少于20厘米，那么说明树体已衰老，应及时进行更新。缩剪时要留强旺的枝条作剪口枝，剪口枝也可留骨干枝背上的徒长枝。此外，不是因树龄大而衰弱的树，可在光滑无分枝处缩剪。经验证明，只要大枝表现不太粗糙，虽在无分枝处剪截，也能从潜伏芽抽生强旺的徒长枝和发育枝，重新形成树冠。当树势严重衰弱时，应进行骨干枝的大更新。大更新的好处是抽枝量多、成枝力强，更新的当年配合夏季摘心可较快地恢复树冠，早结果。更新的第二年，可根据树势强弱，以缓放为主适当短截新选留的骨干枝。冬季更新易造成抽枝力，萌芽率显著降低。因此，更新时间以早春萌芽前进行为好。

（四）山楂保花保果措施

1. 落花落果的原因

山楂的自然落花落果严重，坐果率低。主要原因有营养不良，环境条件不适宜及管理不当。

（1）营养不良

土壤缺肥，因施肥量不足或偏施某些肥料，缺乏微量元素肥料导致土壤营养失调或脱肥，落花落果；疏花疏果差，不疏或疏少部分花果，过多的花果耗养分多，造成花果自然脱落；夏梢控制不力，夏梢过多抽发消耗大量养分，树体同时供应营养生长和生殖生长，控制不力则造成落花落果。

（2）环境不适宜

土壤干旱缺水，由于春旱、夏旱的发生，土壤水分减少，当开花结果进入临界期时，土壤缺水导致严重落花落果；花期雨水偏多，山楂开花期遇上较长时间的持续阴雨天气，则对授粉极为不利，花粉质量差，会使较多的花朵提前脱落；温度过高过低，也容易造成花果脱落；光照不足，影响物质合成与运输，容易引起落花落果。

（3）管理不当

主要是施肥浇水等管理不当引起肥害或药害导致落花落果。

2. 保花保果的措施

保花保果的措施，主要有加强土肥水管理、整形修剪、喷施植物激素、喷施矿质营养元素及疏花疏果等方法。

（1）加强土肥水管理

加强果园土肥水管理及病虫害防治，合理整形修剪，保证树体正常生长发育，才能使树体有足够的储藏营养，使花器发育正常，这是提高坐果率的根本途径。加强秋施基肥、花期追肥，开花前在树下开浅沟追施以氮肥为主的化肥，花前、花期各喷 1 次 0.3% 的尿素溶液，可以提高坐果率；花期浇水，可提高 11.5% 坐果率。

（2）加强整形修剪

花前复剪，开花前保持适当的叶芽和花芽比例，一般为 1:3，可以提高坐果率；环割，对成龄树的直立旺枝，在 5 月下旬到 6 月上旬进行环割，可以提高坐果率 47.7%。

（3）喷施植物激素

花期喷施赤霉素可以提高坐果率，果个增大，产量提高。

（4）喷施矿质营养元素

花期喷硼有促进花粉形成、发芽和花粉管生长、缩短受精过程、提高坐果率的作用。硼肥也可与尿素混喷，花前、花期喷 0.1% 硫酸锌溶液也可显著提高坐果率。盛花期喷 0.2%~0.3% 磷酸二氢钾溶液也能显著提高坐果率。

（5）疏花疏果

在花量过大、坐果过多时要疏花疏果，既可克服大小年，也可提高坐果率。疏花时，要掌握疏后留前、疏弱留强、疏内留外的原则。疏果时，要疏掉小果、畸形果和病虫果。如果第一次生理落果后（6 月），仍果实过量，可将坐果率高的花序中的果实疏去一部分，一般长果枝、壮果枝的花序保留 10~12 个果实，弱果枝、短果枝则保留 6 个以下果实。

第六章

山楂病虫害防治

自 20 世纪 80 年代以来，随着全国各地栽培面积的增加，山楂病虫害发生情况逐渐严重。据报道，山楂害虫达 200 多种，常见的也有 40 种。近年来，山楂发生的病虫害主要类型如下。

一、山楂白粉病

山楂白粉病主要危害叶片、新梢、果实。

（一）发病症状

叶片染病，初叶两面产生白色粉状斑，严重时白粉覆盖整个叶片，表面长出黑色小粒点，为病菌闭囊壳；新梢染病，初生粉红色病斑，后期病部布满白粉，新梢生长衰弱或节间缩短，其上叶片扭曲纵卷，严重者枯死；幼果染病，果面覆盖一层白色粉状物，病部硬化龟裂，果实畸形；果实近成熟感病，产生红褐色病斑，果面粗糙。

（二）发病规律

山楂白粉病以闭囊壳在病叶上越冬，次年春季遇雨释放出子囊孢子，先侵染山楂幼苗和根蘖，产生大量分生孢子，靠气流传播，进行重复侵染。在新梢迅速生长和坐果后进入发病盛期，7 月后发病逐渐减缓，至 10 月停止。山楂园管理不当，树势衰弱，发病较重。实生苗易发病。春季温暖干旱，夏季多雨凉爽的年份病害容易发生。

（三）防治方法

1. 农业防治

秋冬清扫落叶，深埋地下或集中烧毁，以减少越冬菌源；生长季节及时刨除自生根蘖，并铲除周围的野生山楂树。

2. 药剂防治

发芽前喷 5 波美度石硫合剂；花蕾期喷 25% 粉锈宁 2500 倍液或 50% 的甲基托布津 1000 倍液；在落花后到幼果期再喷 1~2 次上述药剂，即可控制其危害。

二、山楂锈病

山楂锈病主要危害山楂叶片、叶柄、新梢及果实。

（一）发病症状

叶片受害后，先在叶面产生橘黄色小圆斑，病斑稍凹陷，表面产生初为鲜黄色后为黑色的小粒点。病斑背面隆起，发病后 1 个月叶背产生灰褐色毛状物，从其中散出褐色粉末。最后病叶变黑干枯，叶片早落。幼果感病时，病斑呈橙黄色，近圆形，可扩及整个果面，先生出橙黄色至黑色小粒点，后生出淡黄色细管状物。新梢、果梗、叶柄感病，症状与果实相似，并且病部发生龟裂，易被折断。

（二）发病规律

锈病病菌以多年生菌丝在转主寄主如桧柏、龙柏、欧洲刺柏等树木主干上部组织中越冬，才能完成其生活史。若山楂园周围方圆 5 千米范围内没有桧柏、龙柏等转主寄主，锈病则一般不发生。春季山楂萌芽展叶时，如有降雨，温度适宜，冬孢子萌发，就会有大量的担孢子飞散传播，发病必重。此时的风力和风向都可影响担孢子与山楂树的接触，对发病轻重有很大关系。如果春季山楂萌芽前，气温高，冬孢子成熟早，冬孢子成熟后，若雨水多，冬孢子萌发，而此时山楂尚未发芽，冬孢子萌发产生的担孢子没有侵染山楂树幼嫩组织的机会，发病就轻。因此，春季气温高低及雨水多少，是影响当年锈病发生轻重的重要因素。

(三)防治方法

1. 农业防治

清除山楂园周围 5 千米以内的桧柏、龙柏等转主寄主，是防治锈病最彻底有效的措施。如桧柏等转主寄主不能清除时，则应在桧柏树上喷药，铲除越冬病菌，减少侵染源。即在山楂树发芽前对桧柏等转主寄主先剪除病瘿，然后喷布 4~5 波美度石硫合剂以消灭冬孢子。

2. 药剂防治

在冬孢子传播侵染的盛期进行。春季山楂萌芽后，发生降雨时，并发现桧柏树上产生冬孢子角时，喷一次 20% 粉锈宁乳油 1500~2000 倍液，隔 10~15 天再喷一次，可基本控制锈病的发生。若防治不及时，可在发病后叶片正面出现病斑(性孢子器)时，喷 20% 粉锈宁乳油 1000 倍液，可控制危害，起到很好的治疗效果。

三、山楂炭疽病

山楂炭疽病主要危害叶片、枝条和果实。

(一)发病症状

叶片染病时，病斑呈圆形或扁圆形小斑，中央微黄，边缘微红褐，后扩大边缘褐色，中央青色凹陷变薄，潮湿时微露小黑点。果实染病时，病斑开始为淡褐色圆形，逐渐扩大，果肉软腐下陷，病斑颜色深浅交错，略呈现同心轮纹；之后，病斑中央出现黑色小点，呈同心轮纹状排列，严重时致果实脱落。枝条染病时，初期在表皮形成深褐色不规则病斑，后期病部溃烂龟裂，木质部外露，病斑表面也产生黑色小粒点。严重时病部以上枝条枯死。

(二)发病规律

病菌在病果、果台和干枯的枝条上越冬。第二年产生分生孢子，借风雨传播，由皮孔或直接侵入危害果实。一般于 5 月下旬至 6 月上旬开始发病，7~8 月最为严重，9 月中下旬为发病末期。高温高湿、果园郁闭严重、阴雨连绵的雨季，容易导致病害盛发和流行。

刺槐是山楂炭疽病菌的中间寄主，周围有刺槐的山楂树发病严重而且发病较早。

（三）防治方法

1. 农业防治

冬季加强清园工作，彻底剪除病枝，彻底清理果园中残留的病果、病叶，集中深埋或烧毁，尽量减少越冬菌源。病害始发期，及时摘除个别枝条上的病果，减少再侵染病源。

2. 药剂防治

春季山楂树发芽前可喷洒 3~5 波美度石硫合剂，可有助于消灭越冬病原。发病初期及时喷洒以下药剂防治：70% 甲基硫菌灵可湿性粉剂 700 倍液、50% 多菌灵可湿性粉剂 600 倍液、75% 百菌清可湿性粉剂 500 倍液等。10~14 天 1 次，连续喷洒 3~4 次。

四、山楂轮纹病

山楂轮纹病主要危害山楂果实、枝条。

（一）发病症状

山楂果实进入成熟期陆续发病，初期在果面上以皮孔为中心出现圆形、黑至黑褐色小斑，逐渐扩大成轮纹斑。略微凹陷，有的短时间周围有红晕，下面浅层果肉稍微变褐、湿腐。后期外表渗出黄褐色汁液，烂得快，腐烂时果形不变。整个果烂完后，表面长出粒状小黑点，散状排列。病菌侵染枝干时，多以皮孔为中心，初期出现水渍状的暗褐色小斑点，逐渐扩大形成圆形或近圆形褐色瘤状物。病部与健部之间有较深的裂开，后期病组织干枯并翘起，中央突起处周围出现散生的黑色小粒点。

（二）发病规律

病菌以菌丝体或分生孢子器在病组织内越冬，是初次侵染和连续侵染的主要菌源。病菌春季开始活动，随风雨传播到枝条和果实上。在果实生长期，病菌均能侵入，其中从落花后的幼果期到 8 月上旬侵染最多。侵染枝条的病菌，一般从 8 月开始以皮孔为中心形成新病斑，翌年病斑继续扩大。在果实近成熟期或贮藏期发病，果园管理差，树势衰弱，多雨年份发病重，被害虫严重危害的枝干或果实发病重。

(三)防治方法

1. 农业防治

加强肥水管理，休眠期清除病残体，是防治轮纹病的治本措施。冬、夏剪除的病枯枝，及时运出果园烧毁。贮藏期及时剔除病果，防止传染健果。

2. 药剂防治

发病初期刮除病组织，如病皮、病瘤等，并涂抹50%多菌灵可湿性粉剂100倍液或70%甲基硫菌灵可湿性粉剂200倍液等。山楂树发芽前，全树可喷洒50%多菌灵可湿性粉剂100倍液或45%噻菌灵悬浮剂500倍液等。在病菌开始侵入发病前(5月上中旬至6月上旬)，可喷施75%百菌清可湿性粉剂600倍液或70%代森锰锌可湿性粉剂400~600倍液或65%丙森锌可湿性粉剂600~800倍液等。在病害发生前期，可喷洒12.5%腈菌唑可湿性粉剂2500倍液或50%异菌脲可湿性粉剂600~800倍液等。在防治中应注意多种药剂的交替使用。7月中旬以后喷布40%氟硅唑乳油7000~8000倍液加90%乙膦铝600倍液，或多菌灵加乙膦铝600倍液与波尔多液交替使用，共喷药3~4次。

五、山楂腐烂病

山楂腐烂病主要危害10年以上结果树的主干和主枝，也危害幼树、小枝和果实。

(一)发病症状

发病症状有溃疡和枝枯两种类型。其中溃疡型较多，这是夏季衰弱树和冬春季发病盛期表现的典型症状。春季病部外观呈圆形或长圆形，红褐色，质地松软的水渍状病斑。受压凹陷后，流出黄褐色或红褐色汁液，带有酒糟味。后期病部失水干缩，下陷，病斑分界处产生裂缝，病皮变为暗色，病部长出许多疣状的黑色小粒点，雨后或天气潮湿时，从中涌出金黄色卷须丝状孢子角，遇水后消散。夏秋季在表皮上产生红褐色稍湿润的表面溃疡，病部面积大小不等，表皮糟烂、松软，后期病斑变干饼状稍凹陷。晚秋初冬，表面溃疡向内层扩展，导致大块树皮腐烂。当病斑扩大环切整个树干时，致病部以上树干和大枝枯死。

枝枯型多发生在春季，2~5年生小枝上或树势极度衰弱的树上。染病枝迅速失水、干枯，重病树枝叶不茂，并呈现结果特多的异常现象。当病斑环绕树枝或树干一周时，全枝甚至整株逐渐死亡。

果实染病时，初期呈现圆形或不规则形的红褐色轮纹，以黄褐色与红褐色深浅交替轮纹状向果心发展。病组织软腐，带有酒糟味。后期病斑中部散发或聚生大而突出果皮的小黑粒点，湿度大或遇雨水时，出现橘黄色的丝状孢子角。

（二）发病规律

病菌以菌丝体、分生孢子器、孢子角及子囊壳在病树皮内越冬。翌春，分生孢子通过雨水自剪口、冻伤等伤口或死伤组织侵入，其中以冻伤为主。当年形成病斑，经20~30天形成分生孢子器。病菌的寄生能力很弱，当树势健壮时，病菌可较长时间潜伏，当树体或局部组织衰弱时，潜伏病菌便扩展危害。在管理粗放、结果过量、树势衰弱的园内发病重。腐烂病1年有2个发病高峰，3~4月和8~9月，其中春季重于秋季。大小年幅度大的果园，发病严重，发病期长；有机肥缺乏或追施氮肥失调，果园低洼积水、土层瘠薄等导致树势衰弱，发病重。周期性的冻害容易引发病害流行。

（三）防治方法

1. 农业防治

①加强栽培管理，尽量减少各种伤口，避免修剪过度，剪口涂抹防止冻害，防止早春干旱和雨季积水，增强树势，提高树体抗病力。②清除病残体，消灭越冬菌源：冬春季彻底清园，认真刮除树干老皮、干皮，剪除病枝、清理病果，集中深埋或烧毁。③初冬时

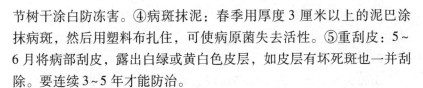

节树干涂白防冻害。④病斑抹泥：春季用厚度 3 厘米以上的泥巴涂抹病斑，然后用塑料布扎住，可使病原菌失去活性。⑤重刮皮：5～6 月将病部刮皮，露出白绿或黄白色皮层，如皮层有坏死斑也一并刮除。要连续 3～5 年才能防治。

2. 药剂防治

发芽前全树喷布 5% 菌毒清水剂 300 倍液。病斑防治需要刮除病斑后，用 5% 菌毒清水剂 50 倍液或 50% 多菌灵可湿性粉剂 800 倍液或 70% 甲基硫菌灵可湿性粉剂 800 倍液或 2% 嘧啶核苷类抗生素水剂 10～20 倍液等药剂涂刷病斑，可控制病斑扩展。

六、山楂干腐病

山楂干腐病为真菌性病害，无性阶段为半知菌类，主要危害枝干。

(一) 发病症状

病斑多发生在主干及骨干枝的一侧。发病初期病斑为紫红色，迅速向上下扩展蔓延，呈条带状。发病中期病部皮层腐烂，病健交界处开裂，其表面密生细小黑色的小粒点。发病后期病树生长衰弱，发芽晚，结果小，叶色枯黄无光泽。病重时可导致树枝枯死或整株死亡。

(二) 发病规律

病菌在山楂枝干病斑组织内越冬，翌年春天产生孢子，随风雨传播，从伤口或皮孔侵入。病菌具有潜伏侵染特性，多半侵染极度衰弱的枝干或植株。4 月开始发病，5～6 月病斑扩展最快。土壤贫瘠，干旱缺水，管理粗放易发病；伤口过多，冻害、日灼伤严重的易于发病；在缺水缺肥土壤上栽植的山楂幼树于缓苗期更易发病，甚至可造成幼树死亡。

(三) 防治方法

1. 农业防治

栽植无病壮苗，加强肥水管理，防止冻害和日灼伤，缩短缓苗期；及时清除枯死树枝，刨除病死树，烧毁病残体；增施有机肥，适时灌溉，防止树体干旱失水。

2. 药剂防治

山楂树发芽前喷洒 3~5 波美度石硫合剂加五氯酚钠 200~300 倍液。采取纵向划道割条的方法治疗病斑，涂抹腐必清 5 倍液或腐殖酸铜原液、5% 菌毒清 50~100 倍液、0.8% 菌立灭 3~5 倍液。涂抹伤口消毒剂时要多次涂布，使药剂渗透到刀口内，最好用复方煤焦油保护伤口。

七、山楂日灼病

山楂日灼病为生理性病害，主要危害山楂幼果和嫩枝。

（一）发病症状

在山楂果实的向阳面产生近圆形或不规则形的黄白色病斑，后期病斑部位的果肉略凹陷，栓化，组织坏死，病斑变黑褐色，失去食用价值。病部仅限于果肉表层，内部果肉不变色。受害严重的果实呈畸形。在贮藏期间，日灼病果易为腐生菌污染而腐烂。受日灼的枝条半边干枯或全枝枯死。

（二）发病规律

日灼病的发生与天气情况、树势强弱、果实着生部位等有密切关系。夏季连日晴天，持续高温，天气干旱，土壤缺水，果面受强烈日光照射，致使果皮表面的温度升高，蒸发消耗的水分过多，果皮细胞遭受高温而灼伤，故幼果和嫩枝易发生日灼病。树势强壮，枝叶茂盛，发病轻。树势衰弱，枝叶量小，果实外露，直接受光量大，发病严重。果实位于阳光照射强度大的方向，如南向及西南方向发病较重，东南方向次之，其他方向基本不发病。受日灼的果实和枝条容易诱发病害的发生。

（三）防治方法

1. 农业防治

①合理修剪，防止过度修剪。建立良好的树体结构，使叶片分

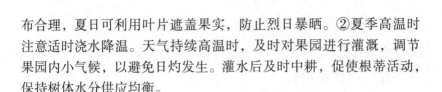

布合理，夏日可利用叶片遮盖果实，防止烈日暴晒。②夏季高温时注意适时浇水降温。天气持续高温时，及时对果园进行灌溉，调节果园内小气候，以避免日灼发生。灌水后及时中耕，促使根蒂活动，保持树体水分供应均衡。

2. 药剂防治

在有可能发生日灼的炎热天气，于午前喷洒0.2%~0.3%的磷酸二氢钾溶液或2%石灰乳液、清水，有一定的预防作用。

八、山楂丛枝病

山楂丛枝病为菌原体病害，主要危害山楂的花、芽、枝。

（一）发病症状

病害发生后，山楂树早春发芽较晚，比正常植株晚1周左右。树冠小叶黄化簇生，无明显节间枝条，致病枝由上向下逐渐枯死或花器萎缩退化，花芽不能正常开花结果，花小，呈畸形，花器由白色变成粉红色或紫红色。病株根部萌生蘖条易带病，移栽后显症，1~2年内枯死。

（二）发病规律

可能与椿象、叶蝉、蚜虫等刺吸式口器昆虫在病树、健壮树上危害、交叉传染有关，其自然扩散存在初次侵染源。其分布特点为在发病严重的地块有几棵山楂树同时感病，呈点片状分布。管理粗放、树势较弱的果园发病较重。

（三）防治方法

1. 农业防治

①培育无病苗木。接穗要从无病株上采取；嫁接时可采用药剂对接穗进行消毒处理；苗木培育期可喷洒盐酸土霉素溶液500~1000毫升/千克，连喷3次才有效果；苗圃中一旦发现病株，立即拔除。②铲除病树，防止传染。果园发现病树时，及时彻底刨除，包括病树的大根，消灭早期传染中心。

2. 药剂防治

4月、8月在病枝同侧树干钻2~3个孔，深达木质部，将薄荷水 50 克、龙骨粉 100 克、铜绿 50 克研成细粉，混匀后注入孔内。每孔 3 克，再用木楔钉紧，用泥封闭，杀灭病体，根治病害。

九、山楂枯梢病

山楂枯梢病为真菌性病害，无性态为半知菌类葡萄生壳梭孢菌，有性态为子囊门葡萄小隐孢壳菌。主要危害山楂果枝。

（一）发病症状

2 年生果桩首先发病，果桩由上而下变黑，皮层变褐，整桩腐烂，继而顺桩向下扩展。当病斑延及果枝基部时，当年生果枝迅速失水凋萎、干枯死亡。枯梢不易脱落，可在树上残存 1 年之久。病斑暗褐色，病健组织间有清晰界限，后期干缩下陷，密生灰褐色小粒点，在潮湿条件下，小粒点顶端溢出乳白色卷丝状物，为病菌的分生孢子角。

（二）发病规律

该病菌主要以菌丝体和分生孢子器在 2~3 年生的果桩上越冬，翌年 6~7 月遇雨产生分生孢子，此时可进行再次侵染。一般会从 2 年生的果桩入侵，形成病斑。老龄树、弱树、修剪不当及管理粗放的果园发病重。一般是在树冠内膛发病较多。此外，该种病害的发生与否与当年生果桩基部的直径密切相关，一般说来，直径 0.3 厘米以下，发病重；0.3~0.4 厘米发病较轻，0.4 厘米以上，基本不发病。

（三）防治方法

1. 农业防治

加强栽培管理，合理修剪。采收后及时深翻、施肥、浇水。

2. 药剂防治

发芽前喷 45% 晶体石硫合剂 30 倍液或 1∶1∶100 倍式波尔多液、3~5 波美度石硫合剂、10% 银果乳油 500~600 倍液等。5~6 月，进入雨季后，喷洒 62% 噻菌灵可湿性粉剂 800 倍液或 50% 代森锰锌 600~800 倍液、36% 甲基硫菌灵悬浮剂 600~700 倍液、50% 多菌灵可湿性粉剂800倍液等，15天1次，连续防治2~3次。

十、山楂根腐病

山楂根腐病为真菌病害，主要造成山楂树体衰弱、根腐、黄叶、死树现象。

(一)发病症状

病株局部或全株叶片褪绿、黄化，有些叶小而薄，叶簇生，高温大风天气萎蔫、卷缩，叶片失水青干。病株叶片易黄化脱落，主脉扩展有红褐色晕带，新梢短，果实小，大枝枯死，相对应一侧根腐烂。枝条皮层下陷变褐易剥离，木质部与烂根导管均变褐色。须根先变褐枯死，围绕须根基部产生红褐色圆形病斑，严重时病斑融合，腐烂深达木质部，致整个根系变黑死亡。

(二)发病规律

病菌在土壤中和病残体上过冬。一般多在3月下旬至4月上旬发病，5月进入发病盛期。其发生与气候条件和栽培管理措施关系密切。当降雨频繁、土壤积水含氧不足时，病菌侵入根部，山楂树根系生长衰弱，树体贮存营养消耗殆尽时，开始发病。单一化肥施用多，排水不良的黏质地，含盐量过大、地下水位太高的果园易患此病；果园土壤黏重板结，盐碱过重，长期干旱缺肥，水土流失严重，大小年结果现象严重及管理不当的果园发病较重。春秋两季为发病高峰，整个生长季节均可发生。复发率较高，潜伏期长，传播快，可以随苗木、灌水等方式传播蔓延。

(三)防治方法

1. 农业防治

加强栽培管理，增强树势，提高抗病力。避免山楂园周围种植杨、柳、刺槐等树种。防止果园土壤过干或过湿；增施有机肥或使用抗生菌肥及饼肥，改良土壤结构；调节树体结果量，避免大小年现象出现；多种绿肥压青，采用配方施肥技术，提高果园肥力。

2. 药剂防治

在春季、秋季扒土晾根。刮治病部或截除病根。晾根期间避免树穴内灌入水或被雨淋。晾 7 ~ 10 天，刮除病斑后用波尔多液或 5 波美度石硫合剂或 45% 的晶体石硫合剂 30 倍液灌根，也可在伤口处涂抹 50% 的多菌灵 1000 倍液或 50% 的立枯净可湿性粉剂 300 倍液。防治效果达到 85% 以上。

草木灰防治效果也很好。具体做法：扒开根部的土壤。彻底清除腐根周围的泥土。刮去发病根皮。晾晒 24 小时后，每株覆盖新鲜草木灰 2.5 ~ 5 千克，再覆盖泥土。治愈率可达 90%。生长季发现病树后，立即刨出根系。并在伤口处涂菌毒清 10 倍液或 3 波美度石硫合剂等。

发现落叶严重，即可刨开表土层，挖出根系，稍许晾根。然后用下列药剂灌根：25% 络氨铜水剂 500 倍液；50% 多菌灵可溶性粉剂 600 倍液加 98% 恶霉灵原药兑水 3000 ~ 5000 倍液灌根。混加适量的根旺、根宝等生根剂效果更好。灌根时，一定要注意药液量充足，一般每株 35 年生幼树用药液 10 ~ 15 千克，每株成龄树用 50 ~ 150 年，做到药液量足，灌根透彻。药液将树盘周围灌透以后，再覆盖新鲜土壤。也可淋施，防治效果达到 90%。注意避开雨季灌根。

十一、山楂根朽病

山楂根朽病为担子菌类病害，主要危害山楂的根颈和主根。

(一)发病症状

山楂苗木、大树的根部均可被侵染。地上部分表现为叶部发育受阻，叶形变小，枝叶稀疏，或叶片变黄，早落，结实少而小，味差，有时枝梢枯死，严重时整株死亡。病斑不规则形，红褐色，皮层松软，皮层与木质部之间充满白色至淡黄色的扇状菌丝层，将皮层分离为多层薄片。发病初期仅皮层溃烂，后期木质部也腐朽。在病根皮层内、根表及附近土壤中可见深褐色至黑色的根状菌素。病根的边材、心材腐朽。高温多雨季节，在树根茎部及露出土面的病根上常有丛生米黄色蘑菇状子实体。

(二)发病规律

病原菌的菌丝体、菌索在病根部或残留在土壤中越冬，寄生性弱。菌索在土壤中蔓延，靠病根与健根接触转移传播。一般幼树很少发病，盛果期的树尤其是老树受害重。管理差、树势弱、果园阴湿积水、水肥条件差的，发病重。

(三)防治方法

1. 农业防治

深翻扩穴，增施有机肥、绿肥，改善土壤理化性状。地下水位高的果园，要开沟排水；雨后注意排水，防止积水。果园内发现病株时，在周围挖 1 米以上的深沟，防止病菌向邻近健康树传播蔓延。

2. 药剂防治

对将死亡或已经枯死的树尽早挖除，并彻底清除病残根，对病穴土壤浇灌 40% 甲醛 100 倍液或五氯酚钠 150 倍液，进行土壤消毒。大树染病，从基部清除整条病根，将整个根系拣出再用 70% 五氯硝基苯粉剂与新土按 1:150 的比例混合均匀配成药土，撒于根部。用药量以药土能将露出的健根和挖出的土壤剖面覆盖为宜，也可用 1%~2% 硫酸铜液消毒。

在早春、夏末、秋季及树体休眠期，在树干基部挖 3~5 条放射状沟，浇灌 50% 甲基硫菌灵可湿性粉剂 800 倍液、50% 苯菌灵可湿性粉剂 1500 倍液或 20% 甲基立枯磷乳油 1000 倍液。

十二、山楂缺铁症

山楂缺铁症为生理性病害，可造成山楂叶片组织坏死或落叶。

(一)发病症状

山楂新梢速长期和展叶期，生长发育所需铁元素增加，而土壤中供应不足时表现为"黄叶病"。首先是新梢叶片叶肉部分变黄，而叶脉仍为绿色。逐渐全叶变黄，严重时叶片黄化，部分坏死，梢部枯死。病树枝条不充实，不易成花。病树果实鲜红，而正常树果是暗红色。

(二)发病规律

土壤过碱和含有大量碳酸钙以及土壤湿度过大，使可溶性铁变为不溶性状态，植株无法吸收，导致树体缺铁，造成叶片组织坏死或落叶。

（三）防治方法

1. 农业防治

改良土壤，释放被固定的铁元素，是防治缺铁症的根本性措施。通过增施有机肥，种植绿肥等措施，增加土壤有机质含量，改变土壤的理化性质，释放被固定的铁。

2. 药剂防治

补充铁素。①将 3% 硫酸亚铁与饼肥或牛粪混合施用。具体操作：将 0.5 千克硫酸亚铁溶于水中，与 5 千克饼肥或 50 千克牛粪混匀后施入根部，有效期大约半年。②把 3% 硫酸亚铁与有机肥按 1:5 的比例混合，每株施用 2.5~5 千克，效果达 2 年以上。③发芽前枝干上喷洒 0.3%~0.5% 的硫酸亚铁溶液，或喷洒硫酸亚铁 1 份 + 硫酸铜 1 份 + 生石灰 2.5 份 + 水 360 份混合液。④发病初期叶面喷洒 0.4% 硫酸亚铁溶液，7~10 天 1 次，连续喷 2~3 次。

十三、山楂食心虫

危害山楂的食心虫主要有桃小食心虫和梨小食心虫。

（一）危害症状

出蛰后的越冬幼虫，吐丝危害嫩叶幼芽。危害果实时，幼虫常从萼洼蛀入果内，蛀果孔有流胶点。幼虫在果内蚕食果肉，并将粪便排在果内，果实形成畸形果。幼虫老熟后，从脱果孔离开。虫果容易脱落。

（二）发生规律

以老熟幼虫在土中做茧过冬，绝大部分分布在树干周围 1 米范围、5~10 厘米深的表土中。第二年 5 月下旬至 6 月上旬幼虫钻出，6 月中旬为出土盛期，雨后出土最多。在地面吐丝缀合细土粒做夏茧并化蛹。成虫多在夜间飞翔，不远飞，无趋光性，常停留在背阴处的果树枝叶及果园杂草上，羽化后 2~3 天产卵。卵多产于果实的萼洼、梗洼和果皮的粗糙部位，在叶片背面、果台、芽、果柄等处也会产卵。第一代孵化盛期在6月下旬至7月上旬。幼虫孵化后，在果面爬行不久就从果实胴部啃食果皮，然后蛀入果内，先在皮下蚕食果肉，果面出现凹陷的潜痕，造成畸形果。第二代孵化盛期在8月中旬左右，孵化的幼虫危害至9月，脱果入土做茧越冬。

（三）防治方法

1. 农业防治

树盘覆地膜。成虫羽化前，可在树冠下地面覆盖地膜，以阻止成虫羽化后飞出。第一代幼虫脱果时，可结合压绿肥进行树盘培土消灭一部分夏茧。果实受害后，及时摘除树上虫果并打扫干净落地虫果。在6月中下旬幼虫活动盛期，是地面防治关键时刻。一般8月上中旬是第二代卵孵化和幼虫危害果实的盛期。

2. 药剂防治

成虫产卵高峰期，卵果率达0.5%~1%时，可用75%硫双威可湿性粉剂1000~2000倍液或25%灭幼脲悬浮剂750~1500倍液均匀喷雾。

第七章

山楂采收、贮藏保鲜及加工

一、山楂采收

(一)采收时期的确定

山楂果实的采收时期对产量、果实品质及耐贮运性都有很大的影响。因此,准确掌握山楂的采收时期,对保障山楂产业的经济效益有重要意义。

山楂的采收期主要依据果实的成熟度确定。一般来说,当山楂的果皮变为红色、果点明显、果面出现果粉和蜡质光泽、果实的涩味消失并具有一定风味和独特的香味时,就可以采收了。采收过早,山楂果个小、尚未成熟、着色差、涩味浓,没有形成该品种应有的品质和风味;贮藏时由于果实表皮的角质层还未形成,会引起果实过多失水,果皮皱缩,从而导致品质下降,商品价值低,效益差。较晚采收有利于增加果实的质量,增进色泽和提高品质。但采收过晚,果实肉质松软发绵,极不耐贮藏和调运,加工性能也有所降低。因此,掌握山楂果实最适宜的采收期,对增加产量、改善品质、延长贮藏期、降低成本、增加收入具有重要意义。

具体的采收时期与以下因素有关。山楂品种不同,采收时期不同。如早熟品种8月即可采收,中熟品种9月采收,晚熟品种10月采收。同一品种,不同栽培地区因其气候条件不同采收期不同。如同一品种,在吉林的采收期为10月,在辽宁的采收期为10月上旬,河北的采收期可能为10月上中旬。同一栽培区,不同栽培地点采收期不同。如向阳地、沙滩地可适当早收。山楂采后用途不同采收时期不同。根据采后加工、鲜食、药用等不同用途，采收时期也需要有针对性调整。

具体的采收时间，适宜选在没有露水、天气晴朗的时候，下雨、有雾不宜采收，否则贮藏期间，果实表面的水分容易造成病害发生。午时或温度高时采收的山楂需预冷后才能贮藏，否则采收后堆积容易发热，贮运中易发生腐烂变质。

(二)采收方式

山楂果实的采收方式主要依据采后用途确定。主要有人工采摘、敲打采摘、机械采收及化学采收等方式。

1. 人工采摘

用于鲜食市场的山楂一般采用人工采摘。可用的工具有篮子、袋子、梯子等。采收时可按照先外后内、先下后上的顺序采收，稳拿稳放，禁止远距离抛洒果实，以减轻果实碰压伤。

2. 敲打采摘

对于大冠、不易上树的山楂树，可采收敲打采摘。一般用棍棒或竹竿敲击震落采收。这种方法省工，但容易损伤果实，适宜于加工且不需要保持山楂果实原型的加工品，如山楂果酱、果汁、果酒等。

3. 机械化采收

一般平原或坡度较小的栽培园可以采用。机械化采收主要使用的是机械撞击式采收机，一般是采用不同类型的撞击部件撞击树冠上的果枝，将果实震落。

4. 化学采收

化学采收方法省工、省力、方便，主要是用乙烯利进行处理：选用40%乙烯利原液，调配成700毫克/升的浓度为宜，浓度高于800毫克/升会导致果树落叶，低于600毫克/升则达不到理想的催落效果。喷施时间为山楂采收前6~8天为宜。如处理过早，则单果重会下降。冠径为4~5米的山楂树每株用药液4~5千克，着重喷果序和果柄，喷至果面药液下滴为止。喷药处理后在山楂树下铺设席子或塑料布，然后摇动树体，催落果实。

（三）包装

为了保证山楂果实规格一致，优劣分明，提高果实的商品价值，防止贮运中腐烂变质，必须对山楂实行分级处理和包装。

1. 分级

山楂采收后，果实大小不等，甚至还有病虫果和采收中受到损伤果，因此必须要挑选和分级。分级可有两种方式。

第一，果农根据自身的实践经验和销售要求，按照山楂果实的大小、形状、色泽、洁净度、成熟度及损伤情况，可分为三级。

①一级果：果实成熟，果面洁净无皱皮，色泽鲜艳有光泽（红色品种为鲜红或紫红色，黄色品种为鲜黄色或黄白色），果个大，整齐一致，无畸形，每千克不超过 120 个果，无机械损伤，无病斑，虫果率不超过 5%。

②二级果：果个中等，整齐一致，无畸形，每千克不超过 160 个果，虫果率不超过 10%，其他项目同一级果。

③三级果：果个较小，无畸形，每千克不超过 190 个果，虫果和机械损伤果总和不超过 20%，其他项目同一级果。这类果实只能用于不需要保持果实原型的加工品，不宜于贮藏。

第二，可根据中华人民共和国商业行业标准（SB/T 10092—1992），分为大型果、中型果、小型果。如表 7-1。

表 7-1　山楂果实分级标准

项目指标		规格等级								
		大型果			中型果			小型果		
		优等品	一等品	合格品	优等品	一等品	合格品	优等品	一等品	合格品
每千克果个数（个）		≤110	≤120	≤130	≤150	≤160	≤180	≤220	≤160	≤300
果实均匀度指数		>0.65	>0.65	>0.60	>0.65	>0.65	>0.60	>0.65	>0.65	>0.65
果皮色泽		达本品种成熟时的固有色泽								
果肉颜色	红果肉型	红、粉红或橙红	红、粉红或橙红	粉白或绿白	红、粉红或橙红	红、粉红或橙红	粉白或绿白	红、粉红或橙红	红、粉红或橙红	粉白或绿白

（续）

项目指标	规格等级								
	大型果			中型果			小型果		
	优等品	一等品	合格品	优等品	一等品	合格品	优等品	一等品	合格品
果肉颜色 黄果肉型	浅黄至橙黄	浅黄至橙黄	黄白至绿	浅黄至橙黄	浅黄至橙黄	黄白至绿	浅黄至橙黄	浅黄至橙黄	黄白至绿
碰伤刺伤果率(%)	<5	<8	<10	<5	<8	<10	<5	<8	<10
锈斑超过果面1/4的果率(%)	<3	<5	<5	<3	<5	<5	<3	<5	<5
虫果率(%)	<3	<5	<8	<3	<5	<8	<3	<5	<8
病果率(%)	0	<3	<5	0	<3	<5	0	<3	<5
腐烂冻伤果率(%)	0	0	0	0	0	0	0	0	0
碰伤刺伤、锈斑病虫果率合计(%)	<6	<10	<15	<6	<10	<15	<6	<10	<15

2. 包装

为便于贮运，包装物要质轻坚固，能承受一定的压力，不易变形，无异味。可使用塑料筐、纸箱等。塑料筐装 25 千克以下为宜，纸箱装 20 千克以下为宜。为避免山楂果实的机械损伤，防寒、防潮、保持清洁，可在包装箱内垫衬干净、柔软、不易破裂的衬垫。装果时，尽量避免抛洒果实，装满后，可以轻轻晃动果筐，使果实彼此靠实，然后再在最上面铺一层衬垫物，防止压伤果实，最后加盖固定。包装筐或箱内外各加一个标签，注明品种、等级、数量等。

二、山楂贮藏保鲜

山楂果实采收后，仍在进行生命活动。为了保持果实的重量、外形、风味、硬度和营养价值，需根据山楂的生物学特性及对环境条件的要求，人为地控制贮藏环境的温度、湿度、空气成分等条件。

温度对果实的影响。 温度对山楂果实的呼吸作用影响很大，在一定的温度范围内，山楂果实的呼吸强度随着温度的升高而加强。同时，温度还能左右山楂果实的糖酸及其他成分的比例。因此，在保证山楂果实不发生冻害或代谢失调的前提下，应尽可能地降低贮藏温度，最大限度地减少自身营养消耗和水分蒸发，抑制微生物的生长。通常山楂果实适宜的贮藏温度应保持在 0±2℃，包装好的山楂可以低到 -4℃。

湿度的影响。山楂果实易失水萎蔫，萎蔫后果实呼吸作用加强，糖的消耗增多，对贮藏不利。提高相对湿度可有效降低山楂的水分蒸发速度。山楂果实贮藏的相对湿度一般应保持在 85%~95%。但湿度过高有利于微生物的活动，病害容易蔓延。温度在 0℃ 时，相对湿度应为 85%~95%；温度在 0℃ 以上时，相对湿度保持在 80%~85% 为宜。

气体成分的影响。气体成分主要指山楂果实贮藏期间空气中的氧气和二氧化碳的含量。山楂果实在氧气含量为 10%~18%、二氧化碳含量为 3%~5% 的范围内贮藏效果较好。因为空气中合理的氧气和二氧化碳含量，可抑制果实的有氧呼吸，减少自身营养消耗和烂果率。对采用塑料包装长期贮藏的山楂果实来说，合理的气体指标尤其重要。

山楂的主要贮藏保鲜方式有：冷库贮藏、气调贮藏及简易贮藏。

（一）冷库贮藏

冷库贮藏是目前水果最常用的贮藏方式之一，建立冷库贮藏山楂也是果农延长山楂销售时间和提高山楂经济效益的重要途径。冷库贮藏注意的事项有：

1. 入库前的准备

山楂入库之前，要对冷库进行全面检查，清扫地面和清洁墙面，暴晒垫板，对冷库进行熏蒸消毒，然后通风降温，库温降到 0℃ 即可。

2. 山楂果实的挑选

山楂果实的好坏直接影响到贮藏时间的长短和后期的经济效益。因此，入库前必须严格对山楂进行挑选，注意把有病虫害的果实、损伤严重的果实挑选出来，严格把质量关。

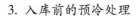

3. 入库前的预冷处理

山楂采摘后，按销售和贮藏的分级要求，进行分级和包装后，按冷库温度进行预冷处理。预冷处理后，将包装筐或包装箱码垛入库。码垛时，垛底要放垫板，层与层之间要放垫层。一方面保持通风，另一方面可以加强筐的稳定性，同时防止果筐下沉时压坏果实。垛位不能过大，一般 500~1000 筐或箱即可。垛与垛之间要保持 1~2 米的距离，以通过运输小车为准，同时保持空气循环流通。

4. 冷库管理

加强冷库的管理，要控制好冷库内的温度、湿度，定时通风换气。山楂入库前要保持库内温度 0℃ 左右，空气相对湿度 85%~90%。冷库入满后，要在 10 天左右把库温降低到要求的温度，控制在 -1~2℃，空气相对湿度为 85%~90%。湿度不能过大，如果湿度过大，容易引起果实霉变。此外，山楂贮藏过程中会释放二氧化碳，所以要及时通风换气。一般情况下，入库后开始每天换气 1 次。10 天后，库温达到 0℃ 左右，可以 3~4 天换气 1 次，以后可 5~8 天换气 1 次。山楂入库时间大多在 10 月底到 11 月。北方地区室外温度较低，平均温度为 -10℃，可以利用自然冷源调节冷库内的温度和湿度。

5. 冷藏时注意事项

从入库到库温稳定，这个时期一般是 1~1.5 个月。这个阶段要求果实集中入库，并尽快将库温降下来保持稳定。在贮藏期间，库温一定要保持稳定。这个时期一般可以保持 3~4 个月的时间。这段时间是果实贮藏好坏的关键时期。因此，要加强库内管理，并定期检查贮藏的果实，及时发现、处理果实变质期可能发生的问题。经过冷库贮藏的山楂果实可以贮藏 6~8 个月，好果率在 85%~90%。

(二) 气调贮藏

气调贮藏是指在适宜的温湿度条件下，通过改变果蔬贮藏环境中的气体成分，控制果蔬的呼吸强度和过程，最大限度地减缓果蔬新陈代谢的速度，从而达到延长保鲜时间的方法，一般采用改良式通风库或冷凉库进行贮藏保鲜。

山楂果实的气调贮藏多采用薄膜小包装加高效乙烯吸收剂法，即采用 0.03~0.05 厘米的聚乙烯薄膜制成普通袋或用 0.08 厘米厚的聚乙烯薄膜做成硅窗气调保鲜袋，每袋装 15~20 千克，箱装或筐装。预冷后每袋放入 2 包高效乙烯吸收剂（每包含 10 克吸收剂）。贮藏期保持果实温度在 -2~0℃，袋内湿度为 90% 左右，通过果实自发气调保持袋内适宜的气体成分。当袋内氧气低于 2%、二氧化碳高于 5% 时要开袋放气，袋内放入高效乙烯吸收剂，可进一步延长贮藏期。这种方法的特点是：果实失水少、硬度大、营养成分损伤少、加工及食用品质好，贮藏期可达 6 个月以上。如在通风库中贮藏，薄膜袋可用挽口的形式，避免袋内的二氧化碳积累过高。也可采用袋上打孔的方法直接扎口，进入 0℃ 冷库。采用硅窗气调保鲜袋贮藏的方法简便、成本低，效果也很好。

也可采用气调大帐法。选用厚度为 0.1~0.2 毫米的聚乙烯薄膜，做成容量 500~2500 千克的大帐来贮藏山楂，效果也比较好。其方法有：大帐自然降氧法、碳分子筛气调机等人工降氧法、硅窗气调大帐法。可以采用堆码、箱装、筐装。常用的为碳分子筛气调贮藏法，可将厚约 0.02 毫米的高压聚氧乙烯薄膜黏合成 2.5 米×1.5 米×4.0 米的塑料大帐，将果实放入周围箱或筐内，置于塑料大帐中，利用调整开关把气体成分控制在氧气含量为 3%~5%、二氧化碳小于 2%，温度在 0~0.5℃ 下贮藏。利用这种方法山楂可贮藏 7 个月，好果率达 95% 以上。

（三）简易贮藏

山楂果实的简易贮藏方法多样。主要有以下几种。

1. 临时贮藏

山楂果实采收后，不能马上入库或运走，需进行临时贮藏。临时贮藏要选择地势干燥、通风背阴处搭一个凉棚，防止太阳光照射棚内，棚内温度要冷凉温润，容易散热，降低果实呼吸强度和微生物繁殖活动，减少消耗，防止贮运时发生霉烂。

2. 冷藏保鲜

将预冷后的山楂用塑料袋盛装，每袋可放 10～15 千克果实，扎紧、扎实袋口，放入冷库贮藏，库内温度控制在 0～2℃，湿度 95% 左右。这种方法贮藏鲜果可保存到第二年 3～4 月，果实依然鲜亮。

3. 窖藏法

于 11 月中下旬天气变冷时入窖为好。入窖不能过早，避免伤热。窖口要大，窖身长的可以多留窖口，上面盖上草苫，根据季节变化确定敞开窖口的时间，通风换气，调节温度。在窖内存放时，筐壁最好都垫秋秸，便于通风，一般可贮藏到第二年 4 月。如果延长贮藏期，则需要打开蒲包上口，散热放气，并随时检查，挑选出坏果。

4. 沟贮保鲜

选择地势平坦干燥，背风向阳，不易积水，运输方便的地方挖贮藏沟。贮藏沟适宜南北方向，宽 100～120 厘米，上宽下窄。从地面向下挖 30 厘米，挖出的土放在沟的两边，再从地面向上加高 10 厘米，贮藏沟深 40 厘米，沟的长度依贮量和场地的大小而定。如果沟内土壤湿度太大，则要等到沟晾晒风干后再贮。湿度太低时，贮前向沟壁洒水，增加土壤湿度。沟壁上的土壤以手握成团，落地散开为最佳湿度。贮藏时，先在沟底及四周附以衬垫物如松柏叶等，把山楂与土壤隔开。对采后的山楂果实严格挑选，挑选出病果，经过短期预冷后，及时入沟贮藏。果实从沟的一端开始堆放，厚度与沟口相平。贮藏期管理的关键是覆盖。贮藏前期以防热为主，白天覆盖防日晒，夜间敞开散热降温；后期以防冻为主，随着气温下降，逐步加厚覆盖物。最冷的时候，覆盖物厚度在 30 厘米左右。为了防雨淋，要以顺沟向建立一个"人"字形支架，下雨雪时用薄膜盖在"人"字架上防止雨水等流进贮藏沟。

5. 沙藏保鲜

选择干燥、背阴、凉爽的地点，挖深、宽各 80 厘米，长度自定的坑。坑内先铺 10 厘米厚的湿润河沙，沙的湿度以手握成团，手松即散，但不流沙即可。随后放入果实，要轻摆轻放，切忌果实损伤，最后再铺盖 10～20 厘米厚的河沙，随气温下降增加盖沙的厚度，表面再铺盖 5～10 厘米厚的土层，土要高出地面 10～15 厘米。同时，注意打扫冬季积雪，防止积水。

6. 袋藏保鲜

把果实放入 0.04～0.06 毫米厚的聚乙烯薄膜制成的长 100 厘米、宽 75 厘米的袋子，每袋装 25 千克左右。装袋前山楂要经充分预冷降温。袋口不要扎得太紧，保持二氧化碳 5%，氧气 10%～13%。在袋子内上面放几层吸水纸，用来吸收袋内过多的水分，在贮藏时还要注意消除乙烯，可在袋内放一些浸有饱和高锰酸钾的蛭石或膨胀珍珠岩等将其吸收。然后扎紧袋口，置于室内 30 厘米高的阴凉棚架上，利于通风透气，每隔 30 天检查 1 次，或者每周抽查 2～3 筐，腐烂果及时挑出来。

三、山楂加工及应用

开发山楂产品，可提高山楂的附加值，促进果农增收，促进山楂产业可持续发展。

目前，果品加工在传统的罐藏、腌渍、盐渍、糖制、榨汁、酿造、干制等技术的基础上，已相继发展了包括膜分离技术、超临界萃取技术、微胶囊技术、超高压杀菌技术及基因工程技术等在内的果品加工新技术，这些技术在发酵、酿造、食品工业用酶、添加剂开发及改造传统食品加工工艺方面正在发挥着越来越重要的作用。

（一）山楂家庭简易加工产品

山楂加工产品主要有山楂酱、山楂果肉饮料、山楂果冻、山楂果丹皮、山楂蜜饯、山楂醋、山楂浓缩汁、干红山楂果酒等。山楂的家庭简易加工产品如下。

1. 糖葫芦制作

①串果：挑选新鲜饱满、大小均匀的红果洗净，拦腰切开，用小刀挖去果核，然后将两瓣合上；把去过核的红果用竹杆串起来，每串大概 10 多个。

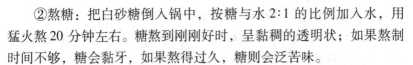

②熬糖：把白砂糖倒入锅中，按糖与水 2∶1 的比例加入水，用猛火熬 20 分钟左右。糖熬到刚刚好时，呈黏稠的透明状；如果熬制时间不够，糖会黏牙，如果熬得过久，糖则会泛苦味。

③蘸糖：将串好的红果贴着熬好的热糖上泛起的泡沫轻轻转动，裹上薄薄的一层即可。

④冷却：将蘸好糖的红果串放到水板上冷却 2~3 分钟即可享用；所谓水板，其实是光滑的木板，在清水里浸泡过较长时间，温度较低，同时木头具有吸水性，可以帮助糖葫芦冷却定型。

2. 糖水罐头制作

①原料要求：选用新鲜饱满、果实横径在 2.5 厘米以上、成熟度为八九成、色泽鲜艳、无病虫害、无伤烂的果实，用清水将果实漂洗干净。

②去梗、除核：用捅核刀除去果萼、核及柄；去核时要对准果心，防止果实破裂。

③预煮：将果实放入 80℃ 以上的热水中保持 2~4 分钟，待果肉稍变软时立即捞出，并尽快冷却、装罐。

④装罐：果实预煮后尽快装罐，装罐时将破碎果拣出，按果实的大小、色泽进行分级装罐；同一罐内果实的色泽、大小应基本一致；容量 500 克的玻璃罐装果肉 240 克、质量分数为 30%~35% 的糖水 260 克。

⑤排气：加热排气的温度为 90~95℃，排气时间为 10 分钟左右，以罐内中心温度 75℃ 以上为准，真空排气封罐则保持真空度在 60 千帕以上。

⑥封罐：用手扳封罐机时，要求加热排气后尽快封口，以防止罐内温度下降；用真空封罐机时则要求真空度在 60 千帕以上。

⑦杀菌、冷却：采用常压杀菌，杀菌要求温度为 100℃、时间为 5~20 分钟，杀菌后将罐头分段冷却至 37℃。

3. 家制山楂脯

①原料选取：选用肉质致密、直径在 2 厘米以上、新鲜饱满、

肉质厚、无病虫害、无机械损伤和腐烂的果实。

②原料处理：将原料洗干净后用捅核刀把果蒂、果柄、果核除掉，不要带肉太多和造成裂口；也可以将果切成两半后去蒂及果核。

③清洗：用清水漂洗干净，捞到竹筐中沥干水分再进行煮制。

④煮制：将糖配成40%的糖液进行煮沸；然后倒入山楂，迅速加热至沸。在文火上保持微沸30分钟后，将余下的糖分2次加入，煮至果肉呈透明状时即可出锅。

⑤烘干：捞出后沥干糖液，摊放在果盘上，置于60~65℃下烘烤12~20小时，或放置阳光下晒干，当果脯表面不黏手时即可。

4. 家制山楂糕

①选料：最好选用优质新鲜、完全成熟的山楂为原料。

②制泥：将鲜山楂去蒂、去果梗和果核，用清水洗净；煮5分钟，取出沥干水分，捣烂成泥；放入容器内加入适量的沸水搅拌，用钢丝筛过筛，即得山楂泥。

③制糕：用开水将白砂糖溶化，加入研细的明矾，与糖液一起加热溶解为浓糖浆。将热糖浆和入果泥中，搅拌均匀后立即倒入厚为3~4厘米的木盘或搪瓷盆内冷却；待冷却后即可切成小块食用。

（二）山楂在饲料加工中的应用

随着生活水平的提高，人们的食品安全意识在不断加强，对于使用抗生素、激素及其他化学合成药物作为饲料添加剂危害的认识逐渐加深。而中草药饲料添加剂具有促进畜禽生长和保健的作用，因其无毒、无害、无残留、无耐药性，越来越被我国畜牧工作者重视。在300多种中草药饲料添加剂中，山楂是最为常见的一种。

1. 山楂在畜禽饲料中添加后的效果

饲料使用山楂添加剂后的饲养效果主要表现在：

①山楂是理想的天然复合有机酸供应源，可增强饲料适口性，提高畜禽采食量和长膘增重速度。

②提高饲料中蛋白质、脂肪的消化率，降低饲料的消耗。

③山楂中的黄酮类化合物槲皮素和芦丁有一定的抗氧化作用，

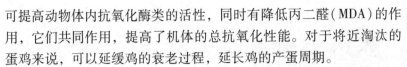

可提高动物体内抗氧化酶类的活性，同时有降低丙二醛（MDA）的作用，它们共同作用，提高了机体的总抗氧化性能。对于将近淘汰的蛋鸡来说，可以延缓鸡的衰老过程，延长鸡的产蛋周期。

④可减少猪、鸡胃肠道细菌性传染病，提高雏鸡和仔猪的成活率，减少肉鸡腹水症和蛋鸡脂肪肝的发生，或与其他药物配合能治疗胃积食、消化不良、腹泻症等病症。

⑤使育肥猪食欲旺盛，喜睡少动，粪便柔软光亮，消化良好。

⑥用于产仔前后的母猪饲料中，可显著提高母猪的采食量和消化率，并由此增加产乳量，提高仔猪的生长速度和成活率。

⑦向枭等（2009）的试验结果证明，饲料中山楂的添加量为3%时，鲫鱼的特定生长率最大（1.83%/天），蛋白效率最高（1.92%），饵料系数最低（1.76）。

⑧山楂具有能量饲料的价值，可迅速提高养殖户的饲养效益。

2. 山楂在饲料中的使用方法和使用量

山楂可在应用前预先粉碎，也可混入玉米中一起粉碎。其使用剂量依动物种类的不同而有差别。具体如下：

①用于养猪，可在育肥期饲料中添加1%~2%的山楂添加剂，对母猪和断奶前的仔猪可添加2%~3%。

②用于养牛，可在架子牛集中育肥前在饲料中添加3%~5%的山楂添加剂，其他阶段可添加1%。

③用于养鸡，可在饲料中添加1%的山楂添加剂。

④用于养兔，可在饲料中添加1%~2%的山楂添加剂，用于幼兔和青年兔效果更好。

⑤治疗猪胃积食、消化不良，用10~50克山楂碎饲喂或灌服。

⑥治疗猪腹泻，用山楂粉末10~30克炒至发黑后饲喂或灌服。猪饲料中一般添加总量1%的山楂，鸡饲料中一般为0.5%~1%。

山楂作饲料添加剂不但具有较好的经济价值，而且可以减少化学合成药物的用量，有助于生产绿色畜产品。这是研究中草药饲料添加剂应用工作的有效尝试，必将会有广阔的应用前景。

第八章

山楂的药用价值

我国山楂入药的通常可分为两类，一类为北方(如山东、河北、河南、辽宁等地)产的北山楂，为蔷薇科山楂属植物羽裂山楂(*Crataegus pannatifida*)及大果山楂(*C. pannatifida* var. *major*)的果实，具有健胃消积、化痞祛瘀之功；另一类为南方(如江苏、浙江、湖北、云南等地)产的南山楂，为同属植物野山楂(*C. cuneata*)的果实，具有收敛止泻之效。

《中华人民共和国药典》(简称《中国药典》)(2010年版)中明确记载，山楂为蔷薇科植物山里红或山楂的干燥成熟果实，具有消食健胃、行气散瘀之功效，用于肉食积滞、胃脘胀满、泻痢腹痛、瘀血经闭、产后瘀阻、心腹刺痛、疝气疼痛、高脂血症等，为重要的消导药。

从2005年起，山楂叶以及山楂叶提取物制剂——益心酮片也被收入《中国药典》中，其具有降压、降血脂、增加冠脉流量、改善心肌供血供氧等功效，对高血压、高血脂、冠心病和心绞痛等心血管疾病具有很好的防治作用。有关研究表明，黄酮类成分为山楂的主要活性成分，并以叶片中的黄酮类物质含量最高，可达10%~13%。山楂黄酮类物质对冠心病、心绞痛病人的治疗总有效率为94.4%，对降低血脂的总有效率为85%，对治疗冠心病、心肌炎心肌病引起的早搏总有效率为63.2%。

在欧洲，山楂提取物广泛用于心衰、心绞痛、高血压的治疗。早在1896年Jennings就已推荐用锐刺山楂(*C. oxyacantha*)酊作为心脏病药物乃至洋地黄的代用品。德国应用山楂进行心血管疾病的防治具有悠久的历史，其研制的山楂制剂"Esbericard"商品用于增强心肌收缩力、增加冠脉流量，已被载入德国药典。此外，保加利亚产品"Crataemon"是从单子山楂（*C. monogyna*）的花和叶中提取的总黄酮制剂，含有牡荆素鼠李糖苷、单乙酰牡荆素鼠李糖苷、金丝桃苷等黄酮类成分，用于心血管疾病的治疗。在国内，已有山楂叶总黄酮制剂，如益心酮片、心安胶囊、金甲益心酮片、复心片、益心酮分散片、益心酮滴丸、山楂叶总黄酮软胶囊、山楂叶总黄酮盐粉针剂等产品上市。山楂叶提取物的主要活性成分有牡荆素、槲皮素、金丝桃苷、芦丁等，被证明是目前最具抗氧化潜力的一类化合物，具有抑制或清除氧自由基、抗脂质过氧化、调节血脂、扩张冠状动脉、降血压、强心、改善肝微循环及抗炎症损伤等作用，正成为国内外治疗心血管系统疾病的热点药物。

一、临床应用

中医药用山楂的经验非常丰富，其临床应用一般可归纳为以下几个方面。

（一）消食化滞

山楂是传统的消食药，善消肉食，常用于肉食积滞。研究证明，山楂含有维生素C、维生素B_2、胡萝卜素及多种有机酸，口服能增加胃内消化酶的分泌，并能增强酶的活性，促进消化。山楂中同时含有胃蛋白酶激动剂，可使蛋白酶的活性增强；此外，山楂含有淀粉酶，能增强胰脂肪酶活性，起到消食开胃、增进食欲的作用。《本草纲目》记载，"凡脾弱，食物不消化，胸腹酸刺胀闷者，于每食后嚼二三枚绝佳。但不可多用，恐反克伐也"，一般脾虚弱、无积者宜慎用。代表方剂如保和丸（《丹溪心法》），用山楂60克为主药，姜制半夏、橘红、神曲、麦芽、茯苓各30克，连翘、炒莱菔子、党参各15克，共为末，水丸，用以治疗食积、肉积、酒积效果很好。取山楂15克、炒麦芽15克、隔山撬15克、莱菔子（打碎）10克，诸药加水适量，煎煮后分早、中、晚服用，有消食化滞、去除油腻的功效。山楂制品，如山楂糕、山楂片、山楂饮料等亦有较好的助消化作用。用于伤食腹痛或伤食积滞，多与神曲、麦芽同煎，名称"焦三仙"；亦可用焦山楂50克煎汤，加白糖服用。对脾虚消化不良者，出现食欲不振、脘腹胀满、大便溏泄等，可用山楂15克、炒麦芽20克、党参15克、白术10克、大枣10枚，将诸药煎煮2次，合并药液，代茶饮用，有健脾开胃、消食化滞的功效。对因夏季暑热，食欲不振者，可用山楂15克、荷叶20克、薄荷叶10克，开水浸泡，加白糖少许，代茶饮，有消暑开胃、生津止渴的功效。治疗顽固性呃逆，口服生山楂汁，每次15毫升，每天3次，一般1天即可治愈；也可将山楂核炒黄，研粉吞服。

（二）活血化瘀

《医学衷中参西录》记载，山楂"入血分，为化瘀血之要药，能除疙癖癥瘕，女子月闭及产后瘀血作痛"，并指出"山楂化瘀血而不伤新血，开郁气而不伤正气，其性尤和平也"。现代药理研究表明，山楂具有收缩子宫的作用，可使宫腔内血块易排出，促进产后子宫复原而止痛。所以，山楂是妇科常用良药，常用于血瘀经闭、产后瘀阻、恶露不下，可选牛膝、当归、生地黄、继断、益母草、泽兰、牡丹皮、蒲黄、芍药与山楂混合煎熬，也可单独煎汁入砂糖服用（《本草衍义补遗》）。小儿科常用其发痘疹。痘疹干黑危困，用紫草煎酒，调服山楂末3克（《全幼心鉴》）；痘疹出不畅，用山楂酒煎，入水温服（《世医得效方》）。内科常用于治疗各种血症，以其祛瘀而不伤正，故应用广泛，如溃疡病出血。肠风下血，独用山楂为末，艾叶煎汤调下（《本草纲目》）。目前，山楂是常用于治疗心脑血管疾病复方的主要组成药物之一。对因心脉瘀阻之冠心病、心绞痛者，可以山楂10克、赤芍15克、三七5克水煎代茶饮，或用山楂15克、葛根15克、丹参15克水煎代茶饮。以上两方均有扩张冠状动脉、增加心肌血流量的作用，对轻度冠心病有较好地调理与防治效果。

（三）降压降脂

现代医学实验研究证明，山楂含有枸橼酸、苹果酸、抗坏血酸酶和蛋白质、碳水化合物，有降血脂和降血压的作用，与槲寄生、大蒜、臭梧桐等同用时，其降压作用增强、作用时间延长。对高血压、高血脂症及肥胖症者，可以山楂 10 ~ 15 克，或山楂花 3 ~ 10 克开水浸泡，长期饮用，有降血压、降血脂和减肥的作用。以山楂 15 克、菊花 10 克、夏枯草 10 克开水浸泡代茶饮，有较好的降血压的作用。以山楂 15 克、生首乌 15 克、草决明 15 克水煎，分早、中、晚服用，长期坚持有明显减肥降脂的作用。

（四）抗菌止痢

药理研究证明，山楂果水煎剂对志贺氏痢疾杆菌、金黄色葡萄球菌、白色葡萄球菌、大肠杆菌、绿脓杆菌、变形杆菌、炭疽杆菌、奈氏球菌、溶血性链球菌、福氏痢疾杆菌、白喉杆菌、伤寒杆菌均有较强的抗菌作用，故为治痢佳品。《唐本草》中记载，山楂"煮汁服止水痢，能抗菌消炎，治痢止泻，镇收敛"。近年来，不少医院用其治疗菌痢肠炎及小儿腹泻，均获得较好的疗效，常用山楂炭或酒炒山楂。如痢疾初起，用山楂 30 克，砂糖 30 克，好茶叶 15 克共煎汤饮，效果颇速，也可配伍乌梅、凤尾草等药使用。对夏食饮寒冷不洁之食物而积滞，所致之腹痛下痢之症，民间用炒山楂炭为末吞服，效果很好。小儿腹泻，以乌梅与山楂共为煎剂内服，有效率为92.5%，治愈率为85%；用凤尾草与山楂共为煎剂内服，有效率为93.3%，治愈率为84.9%。山楂糖浆治疗婴幼儿腹泻212例，完全治愈。焦山楂也可治泻，取焦山楂 30 ~ 50 克水煎 30 分钟后冲红糖适量，分 2 次口服，用以治疗瘀滞腹痛 16 例，均在用药 1 ~ 4 剂后获愈。

（五）皮肤疮痒

山楂的茎、叶、果均可煎水洗，可治疗皮炎、湿疹、疮癣等。取生山楂研极细粉，凡士林调膏外敷治多种皮肤病变，如冻疮、疮肿、溃疡等，疗效好。民间常用生山楂烧熟捣成膏来敷冻疮，具有抗炎、消肿止痛、止血的作用。用山楂提取液制成的"炎痛宁"硬膏治疗256例运动系统慢性损伤均获满意效果。

二、中成药制剂

山楂的临床应用非常广泛，已是防病治病不可缺少的良药。据国内专家统计，以山楂为原料制成的中成药大约有50多种，在医疗保健等方面起着重要的作用。

（一）益心酮片

益心酮片是以山楂叶提取物经加工制成的浸膏片，已被《中国药典》(2010年版)"一部"收载。主要含有牡荆素鼠李糖苷、槲皮素、金丝桃苷、牡荆素、山奈酚、芦丁等，用于治疗心血管疾病，有降压、增加冠脉血流量、调血脂、耐缺氧、强心、改善血液流变、抗心肌缺血、抗心律失常等作用。

其中牡荆素鼠李糖苷是其重要的有效成分之一，具有扩展冠状血管、保护实验性心肌缺血、改善心肌供血量、调血脂等作用。有关研究表明，随机双盲疗法治疗48例冠心病、心绞痛患者，症状总有效率为84%，心电图改善有效率为60%。以益心酮片治疗心绞痛，以地奥心血康为对照的临床研究表明，尽管益心酮在治疗总有效率、心电图有效率和硝酸甘油停减率与对照组元显著性差异（$P > 0.05$)，但治疗对心悸、眩晕、耳鸣、健忘的改善均有显著性差异（$P < 0.05$)，说明益心酮片用于冠心病心绞痛治疗是有效和安全的。

（二）益心酮软胶囊

益心酮软胶囊以山楂的提取物为原料，治疗冠心病43例的疗效观察结果显示，其治疗心绞痛总有效率达93%，并能降低伴高血压患者的血压。

（三）心安胶囊

心安胶囊为山楂叶经乙醇提取而制成的胶囊剂，具有扩张冠状血管、改善心肌供血量、降低血脂的作用，可用于治疗冠心病、心绞痛、胸闷心悸、高血压等。在心安胶囊综合治疗冠心病心绞痛的

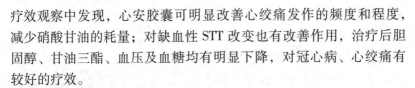

疗效观察中发现，心安胶囊可明显改善心绞痛发作的频度和程度，减少硝酸甘油的耗量；对缺血性 STT 改变也有改善作用，治疗后胆固醇、甘油三酯、血压及血糖均有明显下降，对冠心病、心绞痛有较好的疗效。

(四)山楂酮片剂

山楂酮片剂由山楂叶总黄酮制成，对心绞痛有很好的作用，可用于治疗心绞痛、冠心病及高脂血症。

(五)山楂降脂片

山楂降脂片以山楂提取物为原料制成，具有降脂通脉的作用，可用于治疗高脂血症及防止动脉粥样硬化，帮助心脏系统正常循环和保持胆固醇正常。

(六)山楂精纯提取片

山楂精纯提取片为安徽元隆生物科技有限公司生产的片剂。每100 克总黄酮含量达1500 毫克，总酚酸为10 克以上。每日 3 次，每次 3 片(2400 毫克)，饭后服用，疗程为 2 个月，可显著降低代谢综合征患者的血压、空腹血糖、糖化血红蛋白、三酰甘油等。

(七)山楂消脂胶囊

山楂消脂胶囊具有除积滞、清热凉血活血作用。由山楂、大黄组成，规格为 0.35 克/粒，1 次 2 粒，每日 3 次，疗程为 6 个月。临床上主要用于单纯性肥胖、高血脂、便秘等，可通过降低血脂异常、代谢综合征、Ⅱ型糖尿病等患者血清中的胆固醇、低密度脂蛋白胆固醇，预防脂质在血管内膜的沉积，增加自由基清除及增加机体抗氧化能力，调节内皮素和一氧化氮的平衡未改善血管内皮功能障碍。试验研究结果表明，山楂消脂胶囊能明显减轻血瘀证的症状、痰浊证的症状，可通过改善冠心病患者的痰浊、血瘀状态和抗炎症反应，降低细胞外基质中的 MMP-2(血清基质金属蛋白酶 2)、MMP-9(血清基质金属蛋白酶 9)的水平表达，稳定冠状动脉粥样硬化斑块，减少非急性期冠心病痰瘀证患者心血管事件的发生。

(八)健心宝

健心宝是以山楂、丹参等中药组成的复方制剂，具有抗心肌缺血、降低心肌耗氧量、增加冠脉灌流量、抗心律失常的作用。

（九）山楂益母草合剂

研究表明，山楂益母草合剂能够降低血浆黄嘌呤氧化酶的活性，增加超氧化物歧化酶的活性，对抗氧自由基的损害，从而起到保护心脑血管的作用。

（十）山楂合剂

山楂合剂由山楂、乌梅、陈皮等药制成，具有消食健胃、理气健脾、安蛔的功效。

（十一）山楂乌梅降脂茶

陈仲新等研究发现，在用山楂乌梅降脂茶对实验性高脂血症大鼠连续灌胃给药21天后，其能明显抑制高脂血症大鼠的胆固醇、甘油三酯、低密度脂蛋白胆固醇的增高，并明显升高高密度脂蛋白胆固醇的含量，同时还能有效地改善血液流变学的多项指标。

（十二）山楂降脂汤

山楂降脂汤的方剂组成为：山楂15克，黄芪20克，白术20克，红花10克，丹参30克，草决明19克，泽泻10克，昆布20克。每日1剂，以30天为1个疗程。有关实验结果表明，该方剂对降低血脂效果明显，其结合西药治疗高脂血症疗效显著，且持久稳定。

（十三）山楂半夏汤

山楂半夏汤的方剂组成为：山楂30克，栝楼15克，半夏12克，茯苓30克，当归15克，赤芍15克，川芎10克，桃仁10克，红花10克，丹参15克，首乌12克，泽泻5克，荷叶15克，决明子15克，大黄10克，土鳖虫6克。以血脂康片为对照，有关实验结果表明，总有效率治疗组与对照组分别为92.11%和76.78%，差异较显著，有统计学意义（$P < 0.05$）。

（十四）山楂精降脂片

山楂精降脂片以北山楂为原料制成，其降血脂效果显著。服本品1疗程28天，降胆固醇总有效率为84.15%，降甘油三酯总有效

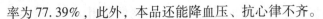

率为77.39%，此外，本品还能降血压、抗心律不齐。

（十五）复心片

复心片为用山楂叶制成的浸膏片。具有减少左心室做功、降低心肌耗氧量、维持氧代谢平衡、促进微动脉血流及恢复血管径的作用。用于治疗胸闷心痛、心悸气短、冠心病、心绞痛、心律失常。邹立乾等以复方丹参滴丸为对照，对120位冠心病心绞痛患者进行治疗，发现复心片的疗效与复方丹参滴丸相似，治疗前后血尿常规、肝肾功能无明显变化，安全性能良好。

（十六）大山楂丸

大山楂丸是由山楂、焦神曲、炒麦芽组成的中药复方制剂，主要成分为多种黄酮、有机酸、维生素及各种消化酶等，具有开胃消食的功效，可用于治疗食积内停所致的食欲不振、消化不良、脘腹胀闷。

（十七）健胃消食片

健胃消食片是以山药、麦芽、山楂、陈皮等理气消食药制成的片剂。可健胃消食，用于脾胃虚弱所致的食积，症见不思饮食、暖腐酸臭、脘腹胀满，消化不良见上述证候者。有关动物实验表明，本品具有促进胃肠蠕动、促进胃消化液分泌、增强胃蛋白酶活性、增强体质、增强免疫功能作用。通过增加调理胃部功能，增强胃部蠕动和胃酸分泌，达到促进消化的效果。

（十八）大山楂口嚼片

大山楂口嚼片由山楂、麦芽、神曲组成。系《中国药典》中大山楂丸改变剂型而来，具有开胃消食的功效，用于改善食欲不振、消化不良。

（十九）复方降脂胶囊

复方降脂胶囊由山楂、蒲公英、槲寄生、黄芪、五味子等5味中药制成。具有清热、散结、降脂的功效，可用于郁热浊阻所致的高血脂症。

（二十）焦三仙

所谓焦三仙是指焦山楂、焦麦芽、焦神曲，是消食导滞、健运脾胃的良药。焦麦芽有很好的消化淀粉类食物的作用，焦山楂善于治疗肉类或油腻过多所致的食滞，焦神曲则利于消化米面食物。三药合用，能明显地增强消化功能。患有食滞者，可用焦三仙各30克水煎服，每日1剂，一般连用3天即可见效。还有与同样剂量的陈皮(4种药材等量)组成陈皮焦三仙的用法。

(二十一)通瘀煎

通瘀煎来源于《景岳全书》"卷五十一"。方剂组成为：当归尾9~15克，山楂、香附、红花(新者，炒黄)各6克，乌药3~6克，青皮4.5克，木香2.1克，泽泻4.5克。具有活血祛瘀、行气止痛的功效。主治妇人气滞血积、经脉不利、痛极拒按。对兼寒滞者，可加肉桂3克或吴茱萸1.5克；对火盛内热、血燥不行者，可加炒栀子3~6克；对微热血虚者，可加芍药6克；对血虚涩滞者，叫加牛膝；对血瘀不行者，可加桃仁30粒(去皮尖)或加苏木、玄胡索之类；对瘀极而大便结燥者，可加大黄3~9克或加芒硝、蓬术亦可。

(二十二)保和丸

保和丸由山楂、神曲、半夏、茯苓、陈皮、连翘、莱菔子组成。具有消食、导滞、和胃的功效。可用于食积停滞、脘腹胀满、嗳腐吞酸、不欲饮食等症的治疗。

(二十三)脉安冲剂

脉安冲剂由北山楂和麦芽组成。口服，1次20克，每日2次。主用于治疗高脂蛋白血症。可降低血清胆固醇、防止动脉粥样硬化，对降低甘油三酯、β-脂蛋白也有一定的作用。

(二十四)玉楂养心冲剂

玉楂养心冲剂由山楂和玉竹2药组成。上海第二医学院附属第三人民医院观察56例高脂血症病例，疗程为1~2个月，胆固醇平均下降仅为1.7%，显效率为16%，总有效率为30%；17例伴高甘油三酯血症患者，其显效率为33.3%，总有效率为63%，平均下降率为16%；降甘油三酯的作用较降胆固醇的作用为佳，副作用偶见反酸或胃纳不适。

(二十五) 心脉康

心脉康是由山楂、天麻、丹参、红花、菊花、防风、生芹、川芎、杜仲、葛根、全虫、石决明、泽泻、莱菔子等中药进行加热煎熬、浓缩、蒸发去水、烘烤等工序后制成的颗粒冲剂。本品无毒副作用，对中风高危病人的高血压、高血脂、高血黏、脑动脉硬化、冠心病、脂肪肝及椎基底动脉供血不足等症状有十分明显的疗效，同时能达到预防中风的目的。

参考文献

鲍慧玮，李婷，孙敬蒙，等．2014．山楂叶提取物类脂体与益心酮片对大鼠急性心肌缺血药效的比较研究[J]．中国实验方剂学杂志，20(2)：140－143．

毕振良，商宝芹，孙福利，等．2012．山楂低产郁闭园树形改造试验[J]．中国果树，(04)：55－58，78．

曹晓华．2013．山楂树的嫁接技术和苗木管理[J]．农业技术与装备，(05)：64－65．

岑凤珍．2014．山楂嫁接苗成活率低的原因分析及对策[J]．南方园艺，25(04)：33，37．

常峰，盛亚军，张程．2012．山楂白粉病及其防治[J]．山西果树，(03)：55．

陈红刚．2016．山楂大树复壮更新修剪及配套技术[J]．河北果树，(02)：45－46．

陈修会，李昌怀，廉宝，等．1992．山楂小食心虫研究初报[J]．中国果树，(03)：29－30．

程荣臣．1992．山楂的多"顶芽"枝及其修剪反应[J]．北方果树，(01)：18－19．

丛磊，刘燕．2004．几种山楂种子的快速萌发研究[J]．种子，(08)：45－48，76．

丛磊，刘燕．2004．不同类型山楂种子的快速萌发试验[J]．中国种业，(04)：35－36．

丛磊，刘燕．2010．山楂种子发芽率试验及幼苗生长状况初报[J]．江苏林业科技，37(02)：31－32，54．

崔洪文．2013．山楂树不同树龄的整型修剪技法[J]．北京农业，(04)：40－41．

代红艳，郭修武，何平，等．2012．山楂胚离体培养及四倍体诱导研究[J]．果树学报，29(01)：71－74，159．

丁国琦，刘明．1989．山楂幼果日灼病致病因素调查［J］．山西果树，（01）：31－33．

丁杏苞，姜岩青，仲英，等．1990．山楂叶化学成分的研究［J］．中国中药杂志，46（5）：295－297．

董文轩．2015．中国果树科学与实践·山楂［M］．西安：陕西科学技术出版社．

董旭霞．2015．绛县山楂小食心虫发生规律及防治措施［J］．中国农技推广，31（05）：50，37．

董英杰，张乃先，张明磊，等．1996．大果山楂叶黄酮成分的研究［J］．沈阳药科大学学报，13（1）：31－33．

董英山，贾伟平，皇甫淳．1990．大旺山楂幼树修剪反应研究初报［J］．吉林农业科学，（04）：72－76．

杜斌．1989．山楂核综合利用试验研究［J］．中国野生植物，（4）：7－10．

冯玉增，李永成．2010．山楂病虫害诊治原色图谱［M］．北京：科学技术文献出版社．

富力，鲁岐，戴宝合．北山楂果实中三萜酸资源的研究［J］．中国野生植物资源，（4）：7－8．

高光跃，秦秀芹，李鸣．1994．山楂属主要植物叶子的生药学研究［J］．天然产物研究与开发，6（4）：27．

高辉臣，刘元峰．1984．桃小食心虫在山楂上的防治［J］．山东果树，（02）：20．

高剑利．2014．山楂大树降冠复壮增效明显［N］．河北科技报，08－05（B06）．

高九思，黄蓓蓓，王永志，等．2007．山楂园桃小食心虫发生危害规律及防治技术研究［J］．现代农业科技，（09）：75－76．

高九思，杨栓芬，王思源，等．2006．山楂锈病病原鉴定及侵染、发病规律研究［J］．陕西农业科学，（06）：83－86．

葛世康．2008．山楂树持续高产的修剪技术［J］．果农之友，（01）：21．

葛秀珍．1981．山楂生物学特性的初步观察［J］．山东果树，（04）：24－28，22．

勾德权．2016．山楂幼树整形修剪技术［J］．河北果树，（01）：20，26．

古润泽，王志农．1993．山楂幼树修剪反应规律的初步研究［J］．山西林业科技，（02）：24－27．

郭忠莹．1988．心安胶囊降脂作用研究［J］．河北医药，10（1）：9．

国家药典委员会．2005．中华人民共和国药典（一部）［M］．北京：化学工业出版社，22－54．

郝保春，高林森，贾云云，等.1992.山楂缺铁黄叶病及应用硝黄铁防治研究[J].果树科学，(02)：93－98.

何心亮，王凤云，吴维群.1988.山楂中熊果酸的分离提取及含量测定[J].中成药，(8)：30－32.

和喜田，王家民，张福珍.1993.山楂桃小食心虫生物学特性研究[J].中国果树，(01)：13－14.

贺琳，赵玉明，马义雄.2012.山楂种子育苗技术初探[J].吉林农业，(09)：110.

胡建华.2014.山楂的生物学特性及培育管理技术[J].中国园艺文摘，30(07)：190－191.

黄肖霄，李殿明，李玲芝，等.2012.山楂叶化学成分的分离与鉴定[J].沈阳药科大学学报，29(5)：340－344.

黄兆宏.1993.益母草合剂对心脑血管病患者XOD、SOD水平的影响[J].老年学杂志，(2)：103.

纪影实，李红，杨世杰.2008.山楂叶总黄酮对脑缺血—再灌注损伤的保护作用[J].中国药理通讯，25(2)：48－49.

贾海山.2017.山楂树常见病虫害及其防治[J].农村经济与科技，28(02)：27，29.

江爱龙，刘荣华，陈兰英，等.2009.山楂药理与临床研究进展[J].武警医学院学报，18(2)：154－158.

姜传颜，邵小杰.1989.有关山楂整形修剪的几个问题[J].落叶果树，(01)：42－43.

李德章，邓贵义，王克.1992.山楂锈病发生规律及其防治研究[J].中国果树，(01)：14－17.

李殿明，黄肖霄，苏德龙，等.2013.山楂核(乙酸乙酯层)的化学成分I[J].生物技术世界，(5)：73，76.

李桂荣.2017.山楂优质栽培技术[M].北京：中国科学技术出版社.

李国璜，王加玑，陈文敏.1986.国产益心酮治疗冠心病心绞痛45例疗效观察[J].山西医药杂志，15(3)：183.

李国武，黄普庆，邹建运，等.2014.优质山楂丰产栽培与加工技术[J].中国热带农业，(06)：61－63.

李红，张爽，纪影实，等.2010.山楂叶总黄酮对大鼠局灶性脑缺血再灌注损伤的保护作用[J]. 中草药，41(5)：794－798.

李建华，胡金林. 2011. 山楂的药理作用与临床应用[J]. 中国药物滥用防治杂志，17(6)：334－336，338.

李兰平，王广峰，常丽平. 2014. 山楂栽培中常见的病虫害及防治[J]. 农民致富之友，(04)：97，141.

李莉，吕红，庞红. 2007. 山楂叶总黄酮抗衰老作用的实验研究[J]. 时珍国医国药，18(9)：2143－2144.

李令军. 2018. 山楂腐烂病防治技术[J]. 河北果树，(Z1)：64－65.

李乾明. 2014. 山楂实生播种繁殖技术[J]. 现代农村科技，(21)：30.

李淑娟. 2007. 观赏山楂的适应性比较研究[D]. 兰州：甘肃农业大学.

李素婷，陈龙，王冉，等. 2003. 山楂叶总黄酮对小鼠急性酒精性肝损伤保护作用的实验[J]. 时珍国医国药，23(11)：2903－2904.

李庭凯. 2002. 金甲益心目同片治疗冠心病心绞痛临床观察[J]. 山西中医，18(6)：11－12.

李兴武，章黎黎. 2010. 山楂的功能性成分研究进展[J]. 农产食品科技，4(2)：44－47.

李雄，李福荣，李宝军，等. 1997. 干寒地区山楂树地上下部年生长动态的观察[J]. 内蒙古农业科技，(2)：14－16.

梁永富，叶红. 2004. 山楂精降脂片治疗高脂血症临床疗效观察[J]. 海峡药学，16(2)：93.

刘合菊，赵川洁，徐艳田. 2017. 山楂常见病虫害防治方法[J]. 河北果树，(06)：20－21.

刘欢，廖康，孙琪，等. 2013. 新疆野生山楂种子特征及萌发特性研究[J]. 新疆农业大学学报，36(06)：437－442.

刘欢. 2015. 新疆野山楂生殖生物学特性及亲缘关系研究[D]. 乌鲁木齐：新疆农业大学.

刘敏，刘汉超，姜自安，等. 2009. 山楂根腐病的发生与防治[J]. 烟台果树，(03)：52－53.

刘秋华，何晓芳，晋图强，等. 2012. 山楂生理性病害的防治对策[J]. 现代园艺，(17)：73.

刘荣华，邵峰，邓雅琼，等. 2008. 山楂化学成分研究进展[J]. 中药材，31(7)，1100－1103.

刘荣华，余伯阳，邱声祥，等.2005.山楂叶中多元酚类成分抗氧阴离子活性研究及构效关系分析[J].中国药学杂志，40(14)：1066－1069.

刘汝诚.1984.山楂生物学特性观察[J].河北农业大学学报，(04)：59－72.

刘汝诚.1987.山楂初果期根系的研究[J].河北农业大学学报，(02)：31－35.

刘瑞华.1995.山楂树的冬季修剪[J].农村实用科技信息，(11)：10.

刘天亮.1995.山楂修剪应"六疏、五缩、两截、一培养"[J].现代农业，(05)：14.

刘兴治，王金龙.1988.山楂幼树根系的研究[J].山西果树，(02)：18－20.

刘运娥.2016.山楂树的栽培技术与生长管理[J].种子科技，34(06)：78，80.

罗洪星.2016.山楂嫁接苗培育技术[J].南方农业，10(12)：54－55.

罗云波，蔡同一.2001.园艺产品贮藏加工学：加工篇[M].北京：中国农业大学出版社.

麻铭川，顾正兵.2003.野山楂水溶性部分化学成分研究[J].中国药业，12(12)：35.

马林.1986.山楂白小食心虫发生规律的初步观察[J].辽宁果树，(02)：25－27.

马瑞丰，钟进良，黄静，等.2016.大果山楂品种特性及栽培技术[J].现代园艺，(13)：45－46.

孟庆全.1987.风沙寒地栽植山楂的几点经验[J].北方果树，(01)：25.

孟庆炎，沙广利.1988.我国分布最北的万龙沟山楂[J].中国果树，(03)：47.

苗卫东，扈惠灵，周瑞金，等.2011.野生山楂种子休眠特性及破除方法探讨[J].北方园艺，(07)：27－29.

牟惠芳，刘开启，赵正端.1987.山楂枯梢病病原鉴定及防治研究[J].植物病理学报，(02)：64.

牟惠芳，刘开启.1987.山楂枯梢病的防治研究[J].植物保护，(05)：20－21.

穆洪丽，张力臣，焦言英.2012.抚红软籽山楂苗木繁殖[J].特种经济动植物，15(04)：47－48.

潘继兰.2015.山楂种子的采集及处理[J].农村新技术，(10)：12－13.

阙毓铭，洪美芳，李祥，等.1988.山楂籽中金丝桃苷和槲皮素的分离鉴定和含量测定[J].南京中医学院学报，(1)：40－41.

尚玉珠，杨淑芬.2015.毛山楂种子繁殖栽培技术[J].中国林副特产，(04)：57－58.

申艳普，张兆欣，李文娟，等．2015．山楂早期丰产技术［J］．中国园艺文摘，31（10）：192－193．

施寿．1998．山楂白粉病发生规律及其防治的研究［J］．兰州科技情报，（01）：6－8．

史磊，高建广，张川江，等．2011．山楂树干病害的症状鉴别及防治［J］．现代农村科技，（23）：17－18．

宋庆丰．2014．山楂树的栽培管理技术研究［J］．农业与技术，34（02）：157．

宋晓斌，郑文锋，任锁堂，等．1991．山楂锈病的发生与防治［J］．陕西林业科技，（04）：40－44．

孙国青，孙薇，王振华，等．2003．山楂圆柏锈病的研究［J］．中国森林病虫，（01）：1－3．

孙金卓，陈红刚，杨爱颖，等．2016．平原地区山楂黄叶病预防技术要点［J］．现代农村科技，（17）：23．

孙金卓．2013．山楂树黄叶病发生的原因及综合防治［J］．山西果树，（03）：52．

孙涛．2004．山楂种子快速育苗的关键措施［J］．农业科技与信息，（01）：37－38．

孙腾飞，李德刚，李德禄，等．2000．防治山楂日灼病的试验［J］．落叶果树，（06）：11．

孙腾飞，李德刚，李德禄，等．2001．山楂日灼病的发生与防治试验［J］．北方果树，（05）：15．

孙玉玲．1999．山楂树盛果前期修剪技术［J］．甘肃农业科技，（01）：38．

谭毓治，彭旦明，胡因铭，等．1990．大山楂丸对消化系统的药理作用［J］．中药药理与临床，6（2）：8－10．

谭振，山钵．1993．山楂砧木苗种子繁殖法［J］．河北农业科技，（10）：25．

田红莲，郭海军，梁玉俊，等．2017．山楂优质高产高效栽培技术［J］．河北果树，（03）：23－24．

仝引仙．2016．山楂优质丰产栽培技术［J］．农民致富之友，（22）：173．

王锋．2013．山楂树的修剪与管理［J］．河北林业科技，（04）：97－98．

王立娟，张世润．2000．山楂叶中黄酮类化合物及提取方法［J］．中国林副特产，52（1）：47－48．

王丽香，郑金凤．2006．山楂枯梢病的防治［J］．河北果树，（03）：45－46．

王守龙，付筱，苗爱清．2016．山楂标准化栽培技术［J］．果农之友，（07）：

14－16.

王先峰，高彩虹．2015. 甘肃山楂育苗技术[J]. 青海农林科技，（03）：
103－104.

王鑫波，高敏，童丽姣，等．2011. HPLC法测定山楂叶总黄酮磷脂复合物中牡
荆素鼠李糖苷[J]. 中草药，（7）：1341－1343.

王雪松，车庆明，李艳梅，等．1999. 山楂核化学成分研究[J]. 中国中药杂志，
24（12）：739－740.

王艳芳，赵淑娟，崔爱军，等．2001. 山楂成龄低产园改造技术[J]. 中国果树，
（04）：42－43.

王英杰．2017. 山楂丰产栽培技术要点[J]. 农技服务，34（06）：117.

王有信，王晋旭．1990. 山楂白粉病发生规律及防治[J]. 山西农业科学，（03）：
10－11.

王有信．1983. 山楂树耐旱性调查[J]. 山西果树，（04）：47.

王志农．1994. 山楂密植园的"三疏一缩"修剪技术[J]. 烟台果树，（04）：39.

翁维良，张问渠，于黄奇．1986. 山楂酮治疗冠心病心绞痛219例疗效分析[J].
北京医学，8（2）：101.

翁维良．1988. 山楂黄酮片治疗心律失常的临床观察[J]. 山西医药杂志，17
（1）：24.

吴士杰，刘希鹏．2015. 冀北山地山楂白粉病防治技术[J]. 河北果树，
（05）：48.

吴晓虎，拓小义．2008. 山楂半夏汤治疗高脂血症76例[J]. 陕西中医学院学
报，31（4）：50－51.

吴晓青，吴宗贵，黄高忠．2002. 心安胶囊综合治疗冠心病心绞痛的疗效观察
[J]. 心血管康复医学杂志，11（1）：19－20.

吴媛媛，王晶，郭阳，等．2015. 山楂树生长结果习性及整形修剪技术[J]. 现
代农村科技，（04）：32.

薛敏生，高九思，李建强，等．2008. 山楂白粉病的发生规律及综合治理技术研
究[J]. 现代农业科技，（17）：137－138.

严伟明，常峰．2012. 怎样防治山楂白粉病[J]. 现代农村科技，（04）：38.

晏仁义，魏洁麟，杨滨．2013. 山楂化学成分研究[J]. 时珍国医国药，24（5）：
1066－1068.

杨斌．1998. 健心宝防治冠心病的实验研究[J]. 广西医学，20（1）：33.

杨辰虎.2015.山楂果树整形修剪技术[J].现代园艺,(24):45.

杨方才.2009.山楂降脂汤治疗高脂血症疗效观察[J].中国中医急症,18(5):692-693.

杨克贤,张玉兰.1980.山楂根系观察[J].辽宁果树,(02):9-14.

杨明霞,任瑞,杨萍,等.2018.山西山楂苗木繁育技术[J].山西果树,(02):52-53.

杨明霞,杨萍,任瑞,等.2018.山楂的生殖生物学和杂交育种研究进展[J].中国农学通报,34(36):70-74.

杨萍,黄彦新,公茂华,等.2013.临沂市山楂枯梢病的发生特点及防治技术[J].中国果菜,(03):33-34.

杨晟楠,李文朗,王坤宇,等.2010.山楂枝梢病害发生特点及防治技术[J].现代农业科技,(21):213.

杨宇杰,王春民,党晓伟,等.2007.山楂叶总黄酮对高脂症血症大鼠血管功能损伤的保护作用[J].中草药,38(11):1687-1690.

尹明安.2010.果品蔬菜加工工艺学[M].北京:化学工业出版社.

英锡相.2016.山楂叶研究[M].北京:科学出版社.

于长春.2014.山楂嫁接苗的培育技巧[J].山西果树,(01):47.

袁媛,张盾.2016.山楂播种育苗技术[J].现代农村科技,(09):38.

原雪梅,丁翔龙,张晓芬,等.1995.醒脑安心胶囊质量标准研究[J].方药研究,6:39-40.

张创锋,邹国岳.2012.山楂嫁接苗培育技术[J].广东林业科技,28(04):80-81,84.

张花伟,龙志伟,李崇,等.2008.山楂桃小食心虫种群动态调查及防治药剂筛选[J].中国农技推广,(10):40-42.

张坤朋,王相宏,王景顺.2016.山楂梨小食心虫发生动态及主要影响因素[J].北方园艺,(19):129-131.

张雷.2004.山楂叶总黄酮对脑缺血的保护作用[J].上海中医药杂志,8(38):55-57.

张培玉,潘慧蓉,张运涛,等.1991.山楂苗木根系药剂处理的生理效应[J].河北农业技术师范学院学报,(04):1-5.

张青山.2018.山楂树的嫁接技术和苗木管理[J].农业与技术,38(19):83-84.

张蕊婧. 2015. 裂壳对促进山楂种核发芽的研究[D]. 秦皇岛：河北科技师范学院.

张艳. 2008. 山楂树的整形与修剪[J]. 农村实用技术, (08)：44.

张艳柏. 2008. 山楂结果大树修剪技术要点[J]. 现代农业, (10)：5.

张玉兰, 杨玉林, 李雄. 1995. 山楂品种及砧木的引种研究[J]. 内蒙古农牧学院学报, (02)：39-44.

张元臣, 张坤朋, 王景顺. 2018. 3种药剂防治山楂桃小食心虫的应用效果[J]. 中国植保导刊, 38(07)：74-75, 91.

张远荣, 蒋企洲. 2011. 山楂叶黄酮的抗氧化作用[J]. 药学与临床研究, 19(3)：287-288.

张兆欣, 张涛, 张丽敏, 等. 2015. 山楂苗期黄叶病发生规律与防治技术试验[J]. 中国园艺文摘, 31(11)：68-69.

赵存胜. 1989. 山楂幼树冬剪方法[J]. 山东林业科技, (03)：57.

赵存胜. 1990. 山楂结果树的冬季修剪技术[J]. 山东林业科技, (S1)：105.

赵焕谆, 丰宝田. 1996. 中国果树志·山楂卷[M]. 北京：中国林业出版社.

赵婧, 赵银宽, 张志东, 等. 2013. 山楂的生物学特性及开发利用[J]. 内蒙古林业调查设计, 36(04)：71, 102.

赵瑞. 2015. 山楂种质资源性状调查与分析[D]. 秦皇岛：河北科技师范学院.

赵万图. 1980. 山楂的丰产生物学特性和丰产栽培技术[J]. 烟台果树, (01)：42-46.

赵文珊, 刘兵. 1981. 山楂上白小食心虫生活史及习性的初步观察[J]. 中国果树, (04)：33-35.

赵亚, 石启龙, 朱继英. 2003. 山楂的营养价值及加工技术[J]. 粮油加工与食品机械, 2003(10)：84-85.

赵玉平, 王春霞, 杜连祥. 2002. 山楂属植物果实和叶中化学成分的研究综述[J]. 饮料工业, (06)：8-12.

赵志清. 2017. 山楂树整形修剪及树体改造技术要点[J]. 河北果树, (06)：51-52.

甄城. 2014. 山楂育苗种子处理新方法[J]. 山西果树, (01)：56.

周金超. 2011. 林州山楂锈病病原种的初步鉴定[D]. 邯郸：河北工程大学.

周立国, 金铁娟, 耿金川, 等. 2011. 山楂成龄低产园复壮丰产关键技术试验[J]. 中国果树, (04)：48-49.

朱寿燕，沈青山，俞树标，等.1994. 亚热带丘陵山区引种山楂的气候适应性分析[J]. 中国农业气象，(06)：36 - 37.

朱文宝.2012. 山楂树不同时期的整形与修剪技术[J]. 河北林业科技，(01)：68，72.

朱振京.2016. 东北野生山楂的繁育技术[J]. 林业勘查设计，(01)：89 - 90.

附录 山楂栽培周年管理历

月份	物候期	主要管理内容
1~3月	休眠期	1. 休眠期整形修剪； 2. 清园：清理田间枯枝、落叶等杂物； 3. 涂白； 4. 发芽前喷施石硫合剂（育苗或高接换种的接穗需在休眠期进行采集、贮藏）
4月上中旬	萌芽期	1. 定植和补植幼树； 2. 除萌蘖，幼树拉枝整形； 3. 追肥浇水； 4. 病虫害防治，重点防治金龟子
4月下旬至5月上旬	展叶期	花前复剪，调整营养枝和结果枝比例，2:1或3:1为宜
5月	开花期	1. 夏季修剪； 2. 病虫害防治，主要以防治金龟子等害虫为主
6月至8月上旬	果实膨大期	1. 病虫害防治，主要以防治实心虫为主； 2. 夏季修剪（繁育苗木的可于7月中旬进行芽接）
8~9月	果实转色期	1. 修剪； 2. 根据果园管理情况追肥； 3. 病虫害防治； 4. 9月，早熟山楂采收
10月	果实成熟期	采收山楂
10月下旬至11月	落叶期	施基肥
11~12月	休眠期	1. 休眠期整形修剪； 2. 清园：清理田间枯枝、落叶等杂物； 3. 涂白

注：不同生产地，时间和物候期不同。